1등급
집공부
학습법

현직 고등학교 교사의 비밀 노트

1등급 집공부 학습법

부모가 만드는 우리 아이 자기주도학습 습관

유선화 지음

BEYOND

차례

1부 뼈가 되고 살이 되는 우당탕탕 집공부

2부 다양한 효능이 있는 종합비타민 독서

3부

습관을 넘어 실력이 되는 자기주도학습법

4부 결국 정서가 답이다

왜 수많은 교육정보가
우리집에서는 안 통할까?

기다림 짧은 엄마, 시들어가는 아이

교육이 일년지계가 된 듯 합니다. 수시로 바뀌는 입시 정책 때문에 갈피를 잡기 힘듭니다. 교사임에도 교육 정책을 뉴스로 먼저 봅니다. 매번 새로운 정책 때문에 방향을 잡지 못해 어지럽습니다. 경험에 비추어 어렴풋이 변화를 예측해 볼 뿐입니다.

교육 정책 변화가 불필요한 혼란을 야기하는 반면, 전보다 교육 정보를 얻는 일은 쉬워졌습니다. 검색만 하면 뭐든 오픈되어 있습니다. 대학은 친절하게 과년도 입학 정보를 공개합니다. 유명한 교육 유튜버들이 경쟁적으로 입시 정보를 해석해 올려줍니다. 공부법에 관한 책과 강연도 넘치는 세상입니다. 일타 강사 강의도 언제든 내 집에서

들을 수 있고 말입니다. 마음만 먹으면 모두 누릴 수 있습니다.

하지만 많아도 탈입니다. 서로 다른 주장이 뒤섞여 어떤 것이 맞는 정보인지 혼란스럽습니다. 이미 많은 정보를 갖고 있지만 나만 몰라서 손해볼까 싶어 새로운 정보에 목메게 됩니다. 그렇게 노심초사 긁어모은 정보를 아이에게 적용해 보지만 그들이 말한 효과가 우리 아이에게서는 나타나지 않아 속상하기만 합니다. 사실 수많은 교육정보가 우리 집에서 안 통하는 확실한 이유가 있습니다.

기다림이 짧습니다. 체질을 건강하게 바꾸기 위해서는 오랜 시간 좋은 음식을 먹고 꾸준히 운동해야 합니다. 다른 방법이 없습니다. 1~2주 정도 굶어 체중계 숫자를 바꿀 수는 있을 겁니다. 하지만 체지방을 줄이고 근육이 늘어나는 건강 체질과는 거리가 있으며 얼마 못가 곧바로 요요현상을 겪게 됩니다. 다이어트는 요행을 바라지 말고 정석대로 해야 합니다. 교육도 마찬가지 입니다. 교육도 빠른 결과를 바라지 말고 진득하게 제대로 공부하는 습관이 잡히도록 기다려야 합니다. 결과에 집착하지 않고 공부하는 과정에 초점을 맞춰 공부 체질을 만드는 것이 중요합니다. 승부처는 고등학교입니다. 현재 시험지 점수에 일희일비하지 마세요. 매일 꾸준히 충분한 공부를 완전학습하는 공부 체질에 집중해야 합니다.

SNS에서 무엇을 주로 보시나요? 어떤 사람을 팔로우 하시나요?

SNS로 남의 집 아이 공부하는 것을 들여다보고 있으면 내 아이가 뒤처지는 것 같아 불안함이 엄습합니다. 불안은 아이를 믿고 기다리려던 마음을 갉아먹고, 빨리 성과를 보이라고 아이를 채근합니다. 은근하고 끈기있게 공부하는 체질 만들기를 버리고 당장 눈에 보이는 성과에 매달리게 됩니다. 뚝심을 가지세요. 제대로 된 학습 방법을 익히는 것이 중요합니다. 당장 보이는 시험지 결과가 아닌 하루하루 해내는 과정을 집중해야 훗날의 성장을 도모할 수 있습니다.

문해력과 어휘력 떨어지는 아이

요즘 아이들은 일찍부터 여러 학원에 다니며 공부를 많이 한 세대입니다. 하지만 고등학생이 돼서 교과서 읽기를 어려워합니다. 한 문장 안에도 모르는 단어가 지뢰밭처럼 분포합니다. 단어를 하나하나 찾아보고 그 뜻을 이어 붙여야 겨우 한 문장을 읽습니다. 누더기처럼 단어 뜻을 이어붙여 한 문장씩 읽어보지만 전체적인 뜻이 이해되는 건 아닙니다. 전체적인 내용과 요점을 파악하는 문해력이 떨어지기 때문입니다. 그러니 읽고 또 읽습니다. 여러 번 같은 과정을 반복하고 나서야 어렴풋 뜻을 짐작만 합니다. 교과서 하나 읽는데 엄청난 시간과 에너지를 쓰고 있습니다.

어휘력과 문해력을 높이기 위해 책을 많이 읽으면 도움이 된다고 합니다. 하지만 가장 어려운게 책을 읽게 하는 일입니다. 유아 때까지는 대부분 책을 좋아합니다. 그러던 것이 초등학교 2~3학년을 기점으로 빠르게 증발해 버립니다. 부모의 무릎에 앉아 책 보고 듣는 것을 좋아하던 아이들이 왜 학령기가 되면 책을 멀리하게 되는 걸까요? 꾸준히 책 읽는 아이로 키우는 건 정말 어려운 일일까요? 책 읽기를 싫어하는 아이들과 당장 입시가 코앞인 고등학생들은 대체 어떻게 어휘력과 문해력을 높일 수 있을까요?

선택과 집중의 실패

한글 독서, 논술, 글쓰기, 한자, 어휘력, 문해력, 영어 독서, 영어 쓰기, 영어 독해, 영어 문법, 영어 듣기, 수학 현행 교과서, 수학 선행, 창의 수학, 수학 심화, 배경지식, 사회 교과, 과학 교과, 과학실험, 코딩, 피아노 포함 악기, 줄넘기, 컴퓨터활용능력, 리더십…. 모두 중요합니다. 하지만 아이에게 이 전부를 강요하는 것은 매우 숨 막히는 일입니다. 선택과 집중에 실패하면 어린 나이에 공부 정서가 무너집니다. 사교육비에 가정 경제는 휘청이게 되고, 본전 생각 때문에 과정이 아닌 결과에만 집착하는 부모가 됩니다. 아이에게 정말 중요한 것을 선택하고, 필요한 것만 취하는 태도가 중요합니다.

내 아이를 정확하게 파악하지 못하고 정보에만 매달리는 경우도 많습니다. 부모니깐 내 아이를 모두 안다고 자부하지만, 실상은 그렇지 못합니다. 근거 없이 지레짐작하거나 잘못된 기준으로 인한 오판도 많습니다. 또는 부모의 기대를 반영해서 잘못된 판단을 하기도 합니다. 객관적 시선으로 내 아이에게 시급 필요한 것이 무엇인지 정확하게 판단하고 위에서 말씀드린 선택과 집중을 시도하시면 됩니다.

우리 아이가 유니콘일지도 모른다는 착각

유튜브와 인스타 등에 소개되는 아이들은 유니콘입니다. 현실 아이가 새벽 공부를 위해 깨우지 않아도 일찍 일어나고 초등 시기부터 자기주도학습을 할 리 만무합니다. 경시대회 상장이 수두룩하고, 시키지 않아도 스스로 공부 계획을 세워 실천하고, 영어로 모자라서 제2외국어까지 마스터하는 아이들은 인터넷 세계에만 삽니다. 절대 우리집에는 살지 않습니다. 상상의 유니콘과 내 자녀를 동일선상에 놓고, 그들에게 통한 방법을 우리집 현실 초등학생에게, 또는 사춘기 절정의 미운 중학생에게 통할 것이라 생각하는 건 무리입니다. 제공되는 정보 중 우리 집에서 유의미하겠다는 것만 전략적으로 선택하세요. 또한 같은 방법이 같은 결과를 가져올 거라고 기대는 접으셔야 합니다. 내 아이가 평범한 아이라는 걸 믿어 의심치 마세요.

아이와 부모 사이가 돈독해야 합니다

나만 알고 싶은 고급 정보를 얻었습니다. 다니기만 하면 성적이 오를 수 밖에 없는 학원 정보를 알게 되었습니다. 그런데 아이가 부모의 모든 말을 잔소리로 들으면 수많은 정보는 쓸모가 없습니다. 아이와 부모 사이가 돈독해야 합니다. 그래야 부모의 정보가 아이에게 흡수됩니다. 저는 고등학교 교사입니다. 예민한 사춘기 아이들과 생활하지만 그 자체가 행복이라 여기며 만족스러운 교직 생활 중입니다. 제 만족감의 원천은 아이들과의 원활한 소통에 있습니다. 비결은 간단합니다. 아이들 이야기를 비판 없이 듣습니다. '그래서 힘들었구나, 어려웠겠구나'라고 헤아려 줍니다. 이것이 전부입니다. 고등학생쯤 되면 스스로 뭐가 문제인지, 어떻게 하면 되는지 다 압니다. 그래서 가만히 듣고 있다 보면 이야기 끝에 스스로 해결방안을 찾고 정리합니다.

"쌤이랑 이야기하니까 방법을 찾은 거 같아요"

저는 대단히 한 게 없답니다. 잘 들어주고 적절히 고개를 끄덕여주다가 참견같은 조언만 보탰을 뿐입니다. 자녀와 관계에도 적용해 보세요. 성적을 앞세우지 말고 아이 이야기에만 집중해 보세요. 비판은 거두고 충분히 응원해 주세요. 그런 다음 부모로서 건넬 수 있는 조언을 보태신다면 아이도 분명 귀담아들을 겁니다. 관계가 유지되어야 부모의 진정 어린 충고와 조언이 아이에게 닿을 수 있습니다.

넘치는 정보 속에서 오히려 막막함을 느낍니다. 우물 안 개구리 시절에는 작고 좁은 내 세상이 전부라 비교할 것 없으니 차라리 고요했습니다. 하지만 태평양으로 나오니 감당하지 못할 정보 속에서 방향을 잃은 기분이 듭니다. 이럴 때일수록 나만의 나침반을 믿고 방향을 잡아야 합니다.

절대적 나침반은 바로 내 아이입니다. 내 아이를 정확하게 파악하고, 내 아이 성향에 맞게 적용하고, 내 아이에게 필요한 것만 현명하게 취하세요. 오직 부모만이 할 수 있습니다.

자, 이제 내 아이라는 나침판을 들고 집공부라는 항해를 시작합니다.

1부

뼈가 되고
살이 되는
우당탕탕 집공부

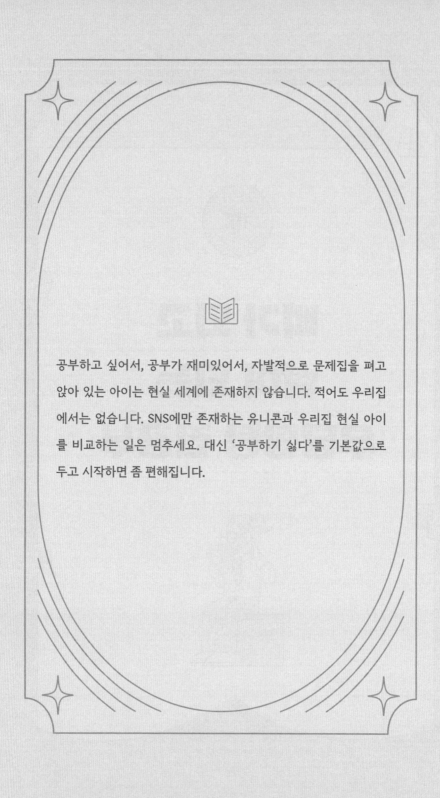

공부하고 싶어서, 공부가 재미있어서, 자발적으로 문제집을 펴고 앉아 있는 아이는 현실 세계에 존재하지 않습니다. 적어도 우리집에서는 없습니다. SNS에만 존재하는 유니콘과 우리집 현실 아이를 비교하는 일은 멈추세요. 대신 '공부하기 싫다'를 기본값으로 두고 시작하면 좀 편해집니다.

'공부하기 싫다'는
기본값입니다

공부하기 싫은 건 당연한 일

직장 일이 너무 재미있는 분 계신가요? 쉬는 날에도 직장에 나가 쌓여있는 업무를 하고 싶은 분이 계실까요. 시키지 않은 일도 내가 도맡아 하며 자발적으로 일하는 직장인 같은 건 없습니다. 공부도 비슷합니다. 공부를 재미있어서, 공부가 하고 싶어서, 자발적으로 공부하는 아이는 없습니다. 공부, 하기 싫은 게 당연합니다.

'공부 정서가 중요하다'는 말, 들어보셨을 겁니다. 공부 정서란, 공부하는 과정과 배움에 대한 주관적인 감정 상태를 말합니다. 공부라는 건 누구에게나 하기 싫고, 어렵고, 재미없는 활동입니다. 하지만

이 재미없는 공부를 참고 해내는 힘이 공부 정서에서 나옵니다. 긍정적인 공부 정서를 지닌 아이들은 '해볼 만해', '어렵지만 배우면 나도 할 수 있어', '하기 싫지만 빨리하고 노는 게 낫겠다'고 생각합니다. 이 부분에서 많이 착각하시는 것이 있습니다. 바로 '공부하기 싫어하는 아이를 억지로 시키면 공부 정서가 망가질 것이다'라는 생각입니다. 반은 맞고 반은 틀립니다. 하기 싫은 공부를 억지로 시켜서 공부 정서가 망가지는 것이 아니라, 하기 싫은 공부를 질리도록 시키는 것이 문제입니다. 공부는 '하고 싶다'의 영역이 아니라 '해야 하는' 영역임을 잊지 마세요.

뭐든 때가 있습니다. 공부도 같습니다. 제 학년에서 배우고 익혀야 하는 성취 기준이 존재합니다. 주어진 공부는 반드시 참고 배워야 합니다. 스스로 하겠다는 마음이 생길 때까지 기다리면 그 시기에 꼭 배우고 익혀야 할 것을 놓칩니다. 학교에서 제 학년의 공부를 배우고, 집에서는 배운 것이 완전히 내것이 되도록 익힙니다. 그것이 집공부입니다. 자기 학년에서 배운 개념이 학습결손 없이 성장해야 합니다. 복습이 중요합니다. 학원에서 봐주겠거니, 내버려두지 마시고 꼭 확인하셔야 합니다. 학습결손 없이 자기 학년을 끝내는 것만으로도 다음 학년에 부담 없이 수업에 집중할 수 있습니다.

학습은 학년이 높아질수록 나선형으로 점차 넓어지고 더욱 깊어집니다. 학습이 갑자기 어려워지는 첫 구간이 초등 3학년 때입니다. 초등 1, 2학년은 학습 내용도 쉽고 그림이나 만들기로 표현하는 수업이 많습니다. 수학도 사칙 연산에 머뭅니다. 그러던 것이 3학년부터 어려워집니다. 각 교과 학습 내용에 난도가 높아져서 분수 같은 추상적 개념이 등장합니다. 영어를 배우기 시작하고 사람들, 우리나라, 탐험, 학교(기존 봄, 여름, 가을 겨울이 2022 개정교육과정부터 바뀌었습니다) 등 통합교과가 사회, 과학, 미술, 도덕 등으로 나뉘면서 학습 내용도 정교해집니다. 수업 시간에 한 번 배운 것으로 부족해서 스스로 익히는 시간이 필요해지는 때 입니다. 익힌다는 것은 능숙해지는 것입니다. 능숙하다는 말은 어떤 일에 뛰어나고 익숙하다는 뜻입니다. 학습은 배운 것을 익히는 것이고, 익히는 것은 뛰어나게 잘할 때까지 행하는 것입니다. 학교에서 배운 것을 스스로 뛰어나게 잘할 때까지 공부해야 합니다. 그것이 집공부입니다. 그것이 학습(學習)입니다. 학교와 학원에서 배우고(學), 집에서 혼자 능숙해질 때까지 익힙니다(習).

자기 학년이라는 제때 학습결손이 없도록 충분히 공부해야 합니다. 그것이 가능하도록 돕는 집공부의 큰 그림부터 작고 세밀한 부분까지 디테일 한 스푼씩 채워드리겠습니다. 상위 10%의 유니콘 같은 아이들 말고 90% 대다수, 보통의 아이들이 성과를 얻을 수 있도록 돕는 디테일입니다. 이 책이 끝날 때쯤 내 아이를 이해하고 함께 집공부할 수 있는 마음을 갖게 되실 겁니다.

공부 안 하는 아이
그냥 두면 안 되는 이유

공부 안 하려는 아이를 부모가 질질 끌어다 앉힙니다. 하드캐리 해야만 겨우 공부합니다. 굳이 안 하려는 아이를 이렇게까지 해서 시키는 게 맞는 건가 싶습니다. 미래 사회는 지금과 다르다던데 시대를 역행하는 공부를 시키는 건 아닌가 하는 걱정도 듭니다. 싫다는 걸 억지로 시키기보다 원하는 것을 할 수 있게 자유를 주는 것이 맞는 거 아닐까는 의문도 일면 타당한 거 같습니다. 그도 아니면 언젠가는 스스로 마음먹고 하는 날이 오겠거니, 그저 기다립니다.

그런데 기다리면 안 됩니다. 바라는 대로 공부하겠다는 때가 오지도 않거나, 왔을 땐 늦습니다. 공부 안 하는 아이는 억지로라도 시키셔야 합니다. 스스로 할 때까지 기다리는 동안 문제가 생깁니다.

기다리다가 쌓이는 학습결손

학부모 상담을 하다 보면 아이 스스로 공부의 필요성을 느끼면 하겠지 싶어서 기다렸던 것을 후회하시는 부모님을 자주 뵙니다. 요즘 부모님은 아이가 원하는 것을 최대한 수용해 주며 키웁니다. 아이 의사를 최대한 존중하는 육아 기조는 교육에도 적용되었습니다. 공부하기 싫다고 하면 아이가 하겠다고 할 때까지 기다려야겠다 생각이 여기서 비롯됩니다. 하지만 뭐든 때가 있습니다. 두 돌이 지난 아기가 단어 몇 개밖에 사용하지 못한다면 언어 발달 지연을 생각하게 됩니다. 성장에 시기별로 해내야 하는 발달 과업이 있듯 학습도 마찬가지입니다. 매 학년에 배워야 할 학습을 제대로 하고 올라와야 현재 해당 학년에 필요한 학습을 할 수 있습니다. 물론 뒤늦게 정신 차리고 열심히 노력해서 그간의 부족한 점을 회복하기도 합니다. 하지만 성공하려면 각고의 노력이 필요하죠. 놓치고 올라온 학습결손을 메우고 현행 학습까지 해내려면 남보다 곱절로 노력해야 합니다. 할 수 있지만, 쉽지 않습니다. 대단한 성취를 보일 때까지 공부할 필요는 없습니다. 공부하기 싫어하는 아이를 붙잡고 난도가 어려운 내용, 많은 양의 학습을 해내게 하는 건 체력 소모와 스트레스가 너무 큽니다. 학습결손이 생기지 않는 수준이면 됩니다. 그래야 고등학생 때 진로가 정해지면서 '정말 공부를 해야겠구나' 하는 각오로 열심히 할 때 제로베이스가 아닌 기본기 탄탄한 상태에서 시작할 수 있습니다.

노는 것에도 관성이 있습니다

주말 지나고 월요일에 출근하려면 몸이 천근만근입니다. 긴 휴가 끝에 복귀할 때는 정말 죽을 맛입니다. 방학이 끝나고 개학이 다가오면 (엄마들은 좋지만) 아이들은 괴롭습니다. 뭐든 안 하다가 하려고 하면 어렵습니다. 편하고 쉬운 것을 택하는 삶의 태도가 몸에 배면 점점 어려운 일, 힘든 일을 해낼 수 있는 근력을 상실합니다. 서 있으면 앉고 싶고, 앉으면 눕고 싶은 게 사람 마음입니다. 공부 안 하고 놀면, 더 놀고 싶어집니다.

공부 안 하는 동안 아이들은 가만있지 않습니다. 게임과 유튜브의 화려하고 현란한 미디어 세계에 빠집니다. 공부와 점점 멀어집니다. 게임할 만큼 하면 질리겠지 싶으신가요? 질리도록 한 게임을 제외하고도 새로운 게임이 오조 오억 개 더 있습니다. 하던 것이 지겨워지면 다른 것을 하면 됩니다. 세상은 공부와 비교할 수 없는 자극적이고 화려함으로 무장한 온갖 오락거리가 있습니다. 그 속에서 어느 날 갑자기 '아! 이제 정신 차려야지' 하는 마음이 쉽게 들 수 있을까요? 노는 것에는 관성이 있습니다. 자극적이고 중독성 강한 미디어와 게임은 적당히 하도록 철저하게 관리해야 합니다. 그리고 학습을 의지가 아닌 관성(루틴)으로 하도록 해야 합니다. 공부하기 싫어하는 아이를 잘 구슬려 책상에 앉히세요. 부모는 내 아이를 바르게 이끌 의무가 있습니다.

공부 필요성의 결여

요즘 아이들은 간절한 것이 없습니다. 가정 안에서 원하는 모든 게 충족되기 때문이죠. 간절한 것이 없으니 이뤄야 할 목표도 없습니다. 과거에는 결핍이 공부의 원동력이 되던 때도 있었습니다. 60~70년대에 학창 시절을 보낸 분들은 가난을 이겨내는 방법이 공부밖에 없다는 절실함이 악착같이 공부하게 했다고 회상하십니다. 하지만 요즘은 다릅니다. 간절히 원하는 것도, 악착같이 하고 싶은 것도 없습니다. 더 큰 문제는 삶을 주도적으로 끌고 갈 의지도 없다는 점입니다. 요즘 부모들은 아이가 실패하고 좌절하는 것을 지켜보기 힘들어합니다. 아이 앞에 앞장서서 예상되는 모든 문제를 해결해 줍니다. 아이는 갈등도, 다툼도, 시련도 겪지 않으면서 자랍니다. 스스로 해결하는 힘을 잃습니다. 결국 성인이 된 후에도 회사를 결근 할 때 부모가 대신 연락해 주는 세상이 되었습니다. 이런 마음에 자립심이 있을까요? 삶을 스스로 이끌어야 한다는 주인 의식이 있을까요? 나를 위해 공부해야 한다는 마음이 피어날까요? 기나려도 공부해야겠다고 스스로 정신 차리는 일이 벌어지기 어려운 세상입니다.

'공부 못하는 아이'라는 꼬리표

처음에는 분명 못하는 게 아니라 안 하는 것이었습니다. 하지만 내 아이가 공부 안 하는 동안 다른 아이들은 계속 성장합니다. 학교는 공부하는 곳입니다. 체육대회, 음·미·체와 같은 예체능 과목 수업, 학급 활동, 동아리 등의 다양한 활동이 있지만, 결국 절반 이상이 국·영·수·사·과 교과 공부입니다. 공부하기 싫다는 마음을 방치하면 차곡차곡 학습결손이 쌓입니다. 시간이 지나면서 점차 모르는 것이 많아지고 수업 시간을 따라가는 것이 어려워집니다. 이해 못 하는 것을 숨기려 해보지만 수업 태도로 티가 납니다. 봐도 모르겠고 어려운 설명이 이어지니 수업 시간에 집중하기 어렵습니다. 졸거나 혹은 딴짓을 합니다. 수업 태도를 바로 잡아주려는 교사의 잔소리가 늘어나면서 친구들은 자연스럽게 공부 안 하고, 못하는 아이라는 인식이 형성됩니다.

스스로 하겠거니 하며 기다리는 동안 학습결손이 누적되면서 내 아이는 못 하는 아이라는 꼬리표가 붙은 채 학교생활을 하게 됩니다. 이때 외부 평가에 타격감 없는 아이라면 괜찮지만 민감한 아이들은 자존감이 깎이는 요소가 될 수 있습니다.

기회가 오지 않는다

야구 경기가 있을 때면 보통 투수들은 불펜에서 몸풀기하며 대기합니다. 선발투수는 아니지만 덕아웃에 있는 감독이 언제 불러줄지 모르니 미리미리 준비하는 겁니다. 항상 자기 자신을 단련하며 기다리고 있어야 합니다. 그래야 기회가 주어졌을 때 보란 듯이 실력 발휘를 할 수 있습니다. 누구에게나 기회가 올 수 있지만 그 기회를 이용할 수 있는 사람은 준비하고 기다리던 사람뿐입니다.

한참 공부를 안 하던 아이가 다행스럽게 특별한 계기를 통해 공부해야겠다는 결심하게 되었다고 가정해 보겠습니다. 그런데 앞서 공부 안 하는 동안 손 놓고 있으면서 생긴 학습결손이 발목을 잡습니다. 해야겠다는 마음은 굴뚝같은데 기본기가 없어서 앞으로 나아가지 못합니다. 처음 단단했던 마음은 밑빠진 독에 물 붓기에 지쳐 흐려집니다.

공부는 안 했지만 사실 리더십 있고 영민한 아이가 있습니다. 그런데 못하는 아이라는 꼬리표, 그리고 그간 친구들 사이에 눈에 띄지 않는 인물이었기 때문에 리더십을 발휘할 기회가 아이에게 오지 않습니다. 학급 인원 선거에서도 불리하고, 작은 모둠장 역할도 욕심 있거나 또는 추천받은 아이들이 차지합니다. 분명 리더십을 가졌음에도 능력을 발휘할 기회가 오지 않는 겁니다.

적어도 고등학교 졸업까지 학교를 다녀야 한다면 다니는 동안 학교에서 편하게 생활할 수 있는 기본을 만들어주는 것이 좋습니다. 굳이 실패감, 부족함, 열등감을 느끼며 학창 시절을 보내게 할 이유는 없습니다. **학습결손 없이 무난히 학교 생활하도록 공부시켜야 합니다.** 내게 주어진 학습량을 참고 해내는 것은 졸업 후 맡은 바 몫을 해내는 역량으로 이어집니다. 기본 이상의 노력을 꾸준히 기울여 놔야 기회가 왔을 때 덥석 잡을 수 있습니다. 해놓은 것이 있어야 해야겠다고 맘먹었을 때 그간 쌓아놓은 기본기를 발판 삼아 도약할 수 있습니다. 하기 싫다고 하는 아이 의사를 존중한다고 (방치하지 마시고) 힘드시겠지만 공부할 수 있게 이끌어주세요.

집공부, 힘듭니다

시작하니 보이는 것들

어렵게 집공부를 시작하면 곧바로 몇 가지 벽을 만나게 됩니다.

첫째, 쉼이 없습니다. 퇴근 후 저녁을 준비합니다. 상을 치우고 곧바로 집공부로 시작합니다. 저희집 집공부 제1원칙은 공부하는 아이들 곁에 제가 함께 앉아 있는 것입니다. 가르치지는 않습니다. 그저 남매가 공부할 때, 같은 공간에 함께 앉아 있습니다. 저는 주로 그 시간을 활용해서 수업 준비, 글쓰기, 책 읽기 등을 합니다. 아이들에게만 힘들게 엉덩이 붙이고 공부하라고 잔소리 하기 보다는 제가 먼저 본을 보이기 위해 같이 공부하기 시작했습니다. 그러다 보니 저녁 시간에 쉴 수가 없어서 힘듭니다.

둘째, 공부 때문에 종종 아이와 감정싸움이 일어납니다. 학교와 학원은 원래 공부하는 장소로 의미 부여가 된 공간입니다. 선생님이란 애초에 학습을 돕는 직업이기 그들이 공부를 하라고 하면 직업에서 주는 권위 덕분에 쉽게 수용합니다. 반면 집은 아이들에게 휴식 공간이다 보니 그곳에서 학습을 이끌어 내는 것이 쉽지 않습니다. 부모는 한없이 편하고 학습과 연결고리가 없는 존재입니다. 아이들은 쉬고 싶은 마음, 부모는 공부시키고 싶은 상충된 마음이 뒤섞여 감정 싸움으로 이어지기 십상입니다.

셋째, 집공부를 하면 사교육비는 절감되지만 강제력이 없습니다. 그러니 의지와 습관화가 되지 않으면 지켜내기가 쉽지 않습니다. 가족 이벤트 등에 밀리고, 의지박약으로 점차 소홀해지기 십상입니다.

넷째, 끊임없이 흔들립니다. 학원 다니는 아이들 이야기를 들을 때마다 고민됩니다. 남들은 학원 다니며 진도 빼는데 우리 아이는 집공부한다고 뒤처지는 건 아닐까는 걱정이 몰려듭니다. 중심을 잡고 내 철학대로 공부시키는 일이 쉽지만은 않습니다.

공부하는 만큼 성과를 얻는 집공부

고등학교 교사로 20년, 그간 입시 최전선에서 수많은 아이들을 만났습니다. 1년에 100여 명, 줄잡아 20년이면 적어도 2,000여 명의 아이들을 만나는 셈입니다. 그중에는 처음 시작은 부족했지만 뒤늦게나마 원하는 걸 얻는 아이, 꾸준한 노력으로 목표를 이루는 아이, 만족스럽지 못해서 재도전하는 아이, 한번 실패를 극복하지 못하고 공부를 놓아버리는 아이, 할 수 있을 거 같은데 노력이 부족해서 결과가 기대에 못 미치는 아이, 엄청난 노력을 쏟아부었는데 이상하리만큼 성과를 얻지 못하는 아이 등 각자 다른 결과를 보여줍니다. 교육에 전폭적인 지지를 보내는 부모 덕분에 일찍부터 학원 다니며 늘 공부하며 자라온 과정은 비슷할텐데 왜 막상 본선인 고등학교에서 각기 다른 노선을 걷게 되는 걸까요?

고등학생은 크게 열심히 공부하는 그룹과 공부에 관심 없어 보이는 그룹으로 나눌 수 있습니다. 그리고 다시 한번 공부하는 그룹은 열심히 공부하고 하는 만큼 얻어가는 아이들(A)과, 열심히 하는데도 성과를 얻지 못해 좌절감 느끼는 아이들(B)로 나눌 수 있습니다. 공부에 크게 관심 없는 아이들은 성적과 상관없이 공부 못 하는 걸 신경 쓰지 않고 자신의 철학과 인생 방향이 정해져 있어 마음이 편안한 아이들(C)과, 공부를 하지는 않지만 낮은 성적이 신경 쓰이고 그로 인해 주눅 들어서 딱히 다른 진로도 탐색하지 않는 아이들(D)이 있습니다. 이들 그룹은 대체로 학교에서 A 〉 B 〉 C = D 순서로 성적 그룹이 형성됩니다. 그런데 흥미로운 것은 B와 D 그룹에 속한 아이들은 비슷하게 초등부터 누적된 잘못된 공부 방법으로 학습결손이 누적되어 있다는 공통점이 있다는 점입니다. B 그룹은 항상 열심히 공부했지만 방법이 잘못되어 시나브로 학습결손이 쌓입니다. 하지만 중학교 내신 부풀리기 때문에 티가 나지 않았다가 고등학교 와서 뒤늦게 실체가 드러난 경우입니다. D 그룹의 시작은 B에 속했을 겁니다. 잘못된 공부 방법에 느슨한 학습량이 더해져 좀 더 일찍 학습결손이 드러났을 겁니다. 나름 공부를 하지만 성적이 나오지 않아 반복되는 실패감을 맛봤을 겁니다. 결국 학습된 무기력에 빠지게 되고 떨어지는 성적 때문에 부모님과 갈등을 겪게 되는 수순을 밟습니다. 그러다 마음의 상처가 깊어져 공부를 놓아버린 겁니다.

B 그룹 친구들은 공부하는 방법을 세세하게 도와줍니다. D 그룹 친구들의 성적 뒤에 숨겨진 마음을 오랜 시간 공들여 어루만진 뒤에야 학습에 대해 접근할 수 있습니다. 두 그룹 모두 공부 방법을 바로잡고 제대로 해보겠다는 마음을 더해 그간의 학습결손을 메꾸는 공부를 합니다. 하지만 늘 아쉽습니다. 이렇게 열심히 하는데 처음부터 제대로 된 공부 방법으로 해왔다면, 학습결손없이 충분히 공부했다면, 공부 정서가 탄탄했다면, 부모님의 건강한 지지를 받았더라면 지금 훨씬 좋은 성과를 냈을 거라는 점입니다.

첫걸음을 떼던 아이를 떠올려보세요. 중심을 잡고 있던 두 발 중 한 발을 신중하게 땅에서 떼어 냅니다. 하지만 중심 잡기가 어려워서 위태롭습니다. 아이가 어렵게 땅에서 뗀 발을 앞으로 내딛을 수 있도록 부모가 손을 내밀어 줍니다. "조금 더 뻗어서 이 손을 잡으렴" 아이는 부모의 손에 의지해 첫 발걸음을 나아갑니다. 이 과정을 빨리 해내라고 재촉하는 부모는 없습니다. 아이가 용기내어 나아가도록 그저 기다립니다. 부모는 그렇게 인내심을 갖고 기다려주는 존재입니다. 첫 걸음을 도와주던 마음으로 내 아이의 집공부도 도와주세요. 집공부는 부모의 인내심이 필요합니다. 당장 성과를 내는 공부가 아닌 결국 해내는 공부 체력을 쌓는 중이라 더딥니다. 하지만 매일 꾸준히 완전히 내것이 되는 공부를 하다보면 고등학교에 가서 A 그룹에 속하는 아이가 될 수 있습니다. 어설피 공부하거나 현재 성과에 집착하게 되면 B와 D 그룹에 속하게 됩니다. 집공부를 통해 공부하는 만큼 성과를 얻는 탄탄한 공부 근육을 키우세요.

공부하기 싫어하는 아이, 이렇게 대하세요

"공부하기 싫어"라고 아이가 말합니다. 공부는 감정으로 하는 게 아닙니다. 하고 싶어서 자발적으로 공부하는 아이는 없어요. 공부는 '하고 싶어'의 영역이 아니라 '해야 하는' 영역입니다. 공부하기 싫다는 아이 감정은 이해합니다. 하지만 감정을 이해하되, 받아주지는 마세요.

"피곤한가보다, 빨리 숙제하고 쉬자"라며 건조하게 이해하고, 단호하게 해야 할 일을 말씀하시면 됩니다. 옳은 걸 하도록 이끄는 것이 부모 역할입니다.

아이는 현재를 보지만, 부모는 현재와 미래를 같이 봅니다

아주대학교 의과대학 정신건강의학교실 조선미 교수님의 말씀입니다. 부모는 현재가 아닌 아이의 미래도 챙겨야 합니다. 아이들 놀아야죠. 쉼도 필요합니다. 하지만 하기 싫어도 주어진 일을 해내는 책임감도 꼭 배워야 합니다. 지금 나이에 맞는 학습을 충분히 하고 넘어가야 다음 학년에 힘들지 않습니다. 아이는 공부하기 싫다는 현재만 생각하지만 부모는 아이의 마음과 미래까지 염두하고 공부를 하도록 도와야 합니다.

공부하기 싫다는 아이 감정을 받아주면서 공부를 시키고자 어르고 달래는데 애쓰는 부모님이 많습니다. 그러다 한계에 부딪혀 참지 못하고 화를 내기도 합니다. 어느 쪽도 아이에게 긍정적이지 않습니다. 귀찮지만 막상 이를 닦고 나면 개운하듯, 아이들이 지금은 하기 싫지만 끝내고 나니 '별거 아니었네'하는 마음을 경험하게 도와주세요. 하기 싫다는 생각을 이겨내고 끝내 해내고 난 뒤 성취감을 맛봐야 합니다.

기억해 주세요. 공부는 '하고 싶어'의 영역이 아닌 '해야 한다'라는 영역입니다.

공부를 했는데,
공부를 안 했네

제대로 공부하는 행동

"공부를 했는데요, 안 했습니다."

말장난이 아닙니다. 분명 공부를 했는데 제대로 된 공부를 하지 않는 경우가 많습니다. 공부하는 행동만 했을 뿐입니다. 공부하는 행동을 했다는 건 무슨 뜻일까요?

초등학교 6학년 아들은 매일 집에서 영어 지문 2 Unit씩 공부합니다. 지문 앞에 제시된 단어는 음원을 듣고 따라 읽은 후 철자까지 외웁니다. 본문은 음원을 듣고 한 문장씩 따라 읽습니다. 이후 한 문장씩 해석하되 모르는 단어가 있으면 찾아보면서 합니다. 처음 이렇게 공부하는 것이 익숙해질 때까지 도와주고 이후에는 아이가 혼자 공부합니다. 저는 문제 채점과 점검만 하고 있습니다. 3학년부터 시작한 공부 방법인데 많은 양을 하기보다는 매일 꾸준히 꼼꼼하게 하는 것이 목적으로 합니다.

여느 날과 똑같이 아이 혼자 공부한 것을 채점해 주고 기습적으로 점검을 했습니다. 문제는 모두 맞혔더군요. 그런데 어려워 보이는 단어를 골라 물어보니 대답하지 못했고 한 문장씩 정확하게 해석을 시켜보니 대충 얼버무릴 뿐 완벽하지 않았습니다. 본문은 아는 단어만 짜맞추어 대충 이해했고, 문제 역시 필요한 정보만 본문에서 찾아서 대충 찍었던 겁니다. 전형적인 공부하는 흉내만 낸 방식입니다.

평소 아이가 공부한 후 문제를 틀렸을 때 절대 혼내지 않습니다. 그저 다시 확인하고 풀어오라고 돌려보낼 뿐입니다. 하지만 어설프게 공부하는 습관은 그냥 지나칠 수 없습니다. 문제는 대다수 아이들은 이렇게 공부하고 있다는 겁니다. 모르는 내용이 있지만 찾아보지 않고, 정확하게 이해한 것이 아닌데 넘어가고, 찍어서 맞혔는데 아는 것이라 여기며 공부를 끝내는 겁니다.

공부는 부족한 면을 찾아내고 그것을 채우는 과정입니다. 모르는 내용이 나오면 찾아보고 공들여서 이해해야 합니다. 내 것이 될 때까지 공부하고 정확하게 이해했는지 다시 점검해야 합니다. 이것이 진짜 공부입니다. 그리고 이런 과정을 해내기 위해서는 메타인지가 반드시 필요합니다. 앞서 아들을 혼낸 이유는 대충 공부했기 때문입니다. 모르는 부분을 확실하고, 완전히 이해될 때까지 다시 보고, 제대로 공부가 되었는지 확인하는 과정을 대중했기에 혼낸 것입니다.

시험 공부를 하는 것도 아닌데 꼼꼼하게 공부해야 하느냐고요? 물론입니다. 고등학생이 내신 공부하듯 무식하게 교과서를 외워야 하는 것은 아니지만, 매일 하는 공부도 꼼꼼하고 정확하게 하는 습관이 중요합니다. 그러기 위해서는 학습량과 진도에 집착하지 않아야 합니다. 학습결손이란 해당 학년을 유급해야 할 만큼 대단한 학습 부진이 있어야만 발생하는 게 아닙니다. 자기 학년에서 배운 교과서 개념, 오늘 공부한 내용 중 잊어버린 것도 결손입니다. 그래서 공부할 때 공부하는 행동 말고, 제대로 공부하는 것이 중요합니다.

초등학교 수학

1학년 1학기 1단원	[9까지의 수]
2학년 1학기 1단원	[세 자리 수]
3학년 1학기 1단원	[덧셈과 뺄셈]
4학년 1학기 1단원	[큰 수]
5학년 1학기 1단원	[자연수의 혼합 계산]
6학년 1학기 1단원	[분수의 나눗셈]

같은 개념이 점점 어려워지도록 구성됩니다

문제집을 풀고 문제를 맞혔다, 틀렸다 채점하는 것은 진짜 공부가 아닙니다. 문제를 푸는 중에도 모르는 개념이 있는지, 헷갈리는 부분은 없는지 체크해야 하고 채점을 한 이후에는 앞서 부족하다고 느낀 부분을 중심으로 해설과 교과서를 다시 공부해야 합니다. 이렇게 꼼꼼하게 공부하는 것은 귀찮고 재미없는 과정입니다. 축구선수는 골대 앞에서 골 연습을 할 수도 있고 볼을 무릎으로 튕기는 연습을 할 수도 있습니다. 문제를 풀고 채점하는 것은 골 연습과 비슷합니다. 채점은 맞고 틀리고 자극적인 요소가 있으니 할만합니다. 반면 문제를 풀면서 정답만 찾는 게 아니라 내용 요소 중 모르는 부분(이 부분이 왜 맞고 틀리는지 설명할 수 없으면 모두 모르는 부분입니다), 아리송한 부분을 찾아내기 위해 집중력을 발휘하는 것은 무릎으로 볼 튕기는 연습만 반복하는 것과 비슷합니다. 부족한 부분을 정확하게 짚고 넘어가기 위해 해설과 교과서를 다시 공부하는 귀찮고 재미가 없습니다. 진도가 더디나가 가시적인 성과가 없는 듯해서 무의미해 보입니다. 하지만 이렇게 공부해야 완전학습이 됩니다. 편하고 쉬운 방법으로 공부하는 잘못된 습관 구멍들이 모이면 어느새 커다란 맨홀이 되어버립니다.

잘못된 공부의 결과

고등학교 1학년 담임을 맡아 첫날, 처음으로 교실에 들어갔던 그 날. 민서는 그 순간에도 공부를 하고 있었습니다. 이후 쉬는 시간도 아껴가며 공부하던 아입니다. 일주일에 두 번 수학학원 가는 날을 제외하고 모든 날 야간자율학습에 참여하는, 성실 그 자체였지요. 누구보다 많은 학습 시간을 자랑히던 민서의 좌절은 예상밖에 빨리 찾아왔습니다. 고등학교 입학 후 처음 치른 정기 고사에서 예상 등급이 모두 4, 5등급이 나온 겁니다. 정확하게 중간 수준의 성적이었습니다. 민서는 망연자실했고, 사실 저도 적지 않게 당황했습니다. 아이의 노력에 비해 터무니없는 결과가 나왔기 때문입니다. 등급도 문제였지만 100점 만점 시험에서 민서는 모든 과목을 40-50점대 점수를 받았습니다. 당시 근무하던 학교가 성취도가 높지 않았고 고입 후 첫 시험이라 대체로 평이하게 출제된 것을 감안하면 제대로 공부한 것이 맞나 의심스러운 상태였습니다.

무엇이 잘못인지 파악하기 위해 민서와 상담을 했습니다. 그간 공부 과정을 듣고나니 알겠더군요. 민서는 딱, 공부하는 행동만 반복하고 있었습니다. 시험 보는 모든 과목의 교과서를 세 번씩 보고 이후 문제집을 각각 세 권씩 풀었답니다. 하지만 그 과정에 모르는 내용, 헷갈리는 부분을 확인하는 노력이 전혀 없었습니다. 그저 속도내서 공부하는 행동만 한 겁니다. 또 하나 문제점이 공부한 내용을 다시 떠올리며 출력하는 공부 과정이 전혀 없었습니다. 이렇게 어설프게 공부하는 것이 중학교까지는 통했을 겁니다. 하지만 등급 산출을 위해 변별력을 갖춘 고등학교 시험에서는 통하지 않았던 겁니다. 그간 누구보다 열심히 공부했지만 모든 게 공부하는 행동이었다니 민서는 억울해했습니다.

많이 읽고 문제를 많이 풀어봤다 = 수업을 들었다 = 학원 공부로 복습했다 = 책상에 앉아서 공부했다, 모두 공부하는 행동의 대표적인 모습입니다. 공부의 방향을 양 채우기에서 벗어나 '모르는 걸 찾아내고, 확실하게 이해해서 완전학습하자'는 목표로 전환해야 합니다.

민서의 공부 방법을 고치는데 오랜 시간이 소요됐습니다. 이미 잘못 자리잡은 습관은 쉬 바꾸지 못하더군요. 충분히 설명하고 점검했지만 기말고사까지 기존의 하던 방식을 유지했습니다. 당연히 성적은 제자리였습니다. 민서가 공부 방법을 바꾸지 못한 것은 습관 탓도 있지만 새로운 공부 방법에 대한 확신이 부족했기 때문입니다. 교과서를 세 번, 문제집을 3권 풀어도 성적이 나오지 않았는데, 반복해서 보던 양을 줄이고 한번을 보더라도 완전학습 하라는 말이 불안했을 겁니다. 게다가 남보다 많이 공부했다는 자부심을 원동력 삼아 공부했는데 반복을 줄이고 단 한번을 제대로 보는 공부가 지루하게 느껴졌을 겁니다. 기말고사까지 만족할만한 성적을 얻지 못하고서야 민서가 마음을 움직였습니다. 공부 습관을 고쳐보겠다고 다부진 의지를 보이고 2학기 1차 지필평가 결과는 전 과목 20~30점의 성적 향상을 이뤄냈습니다. 이때 민서의 표정이 상상이 되실까요?

공부를 했음에도 혼났던 아들 이야기로 돌아와 보겠습니다. 제가 혼을 낸 것은 완전학습을 하지 않고 어설프게 공부하는 행동을 한 아이의 태도 때문입니다. 잘못된 공부 습관을 자리잡힌 채로 고등학생이 되면 아무리 열심히 공부를 해도 성적이 나오지 않습니다. 열심히 했는데 결과가 따라주지 않는 과정이 반복되면 '난 해도 안 되나 보다' 하고 자기 탓을 하게 됩니다. 매년 이와 같은 상황을 반복하는 아이들을 숱하게 봅니다. 공부할 때마다 적은 양이라도 완전학습은 습관을 통해 제대로 된 공부 루틴을 만들어주는 것이 집공부입니다. 그래야만 나중에 노력하는 만큼 성과를 얻어가는 아이가 됩니다.

학습 루틴이 잡히지 않을 때 점검해야 할 5가지

현재 집공부 6년차 입니다. 그동안 가장 공들인 것이 루틴 형성입니다. 고등학교에서 20년간 입시를 치루는 아이들을 지켜본 결과, 결국 자기주도학습이 되는 아이가 높은 성취도를 얻는다는 걸 매년 봅니다. 문제는 가장 어려운 것이 루틴 형성이라는 점이죠.

루틴이 잡히지 않을 때 무엇을 점검해 봐야 할까요? 잔소리 없이 자연스럽게 집공부 하기 위해 무엇을 살펴봐야 할까요?

1. 학습 루틴, 잡히지 않는 것이 정상입니다

효과적인 다이어트를 위해서는 식단 관리와 운동이 병행되어야 합니다. 하지만 말이 쉽지, 실천이 어렵습니다. 성인도 스스로 통제하고 관리하는 깃이 안 되는데 아이들은 말해 무엇하나요. 아이들이 스스로 "미래를 위해 지금 놀고 싶은 마음을 접고 앉아서 수학 문제를 풀어보자"며 행동하면 오히려 어디 아픈 건 아닌가 하는 의심을 해봐야 합니다. 공부 루틴을 만드는 일은 어렵습니다.

하지만 반드시 공부 루틴이 잡혀야 합니다. 아침에 눈뜨면 볼일을 본 후 손씻고 이닦습니다. '일어났으니 화장실에 가야지, 그 다음에는 손을 씻고, 치약을 짜서 이를 닦아야 겠다'는 생각을 하지 않았는데 몸이 알아서 저절로 해내게 것이 루틴입니다. 이렇게 되기까지 정말 오랜 시간이 걸립니다. '원래 공부 습관 형성이 어렵다'를 마음에 담아두시면 아이들을 바라볼 때 마음이 가벼워집니다. 그럼에도 참고 해내려는 아이가 기특해집니다.

2. 학습량 점검하기

체중 감량을 하기로 마음 먹었습니다. 하루에 운동 1시간, 16시간 간헐적 단식을 하기로 계획합니다. 하지만 안 하던 운동을 하려니 1시간은커녕 30분도 힘이 듭니다. 갑작스러운 간헐적 단식은 오히려 폭식을 불러와 결국 다이어트는 실패하게 됩니다.

공부 습관이 잡히지 않았는데 아이에게 과도한 공부량을 시키고 계시지는 않는지 점검해야 합니다. 이런 경우 알아서 공부하는 루틴이 잡히기는커녕 주어진 버거운 공부로 인해 갈등만 초래합니다. 초등학생이라면 억지로 듬성듬성 해내면 수학 문제집 5쪽 풀던 것을 매일 해내고 3쪽으로 줄여주세요. 영어 단어 외우기는 하루 3개로 줄여보세요. '해볼 만해', '이 정도는 할 수 있지' 하는 마음이 먼저입니다. 공부량을 줄여 루틴은 성취감을 맛봐야 잡힙니다. 학습량을 늘리는 건 학년이 높아지는 겨울 방학을 이용하세요.

중학생이라면 최소한 학습결손 없이 공부하는 것이 중요합니다. 자유학년제(학기제) 시기에는 교육과정 재구성으로 다루지 않고 넘어가는 단원이 많습니다. 게다가 학교 시험이 쉬워서 깊게 공부할 필요도 없습니다. 시험 여부와 상관없이 모든 단원을 완전학습이 되도록 공부해야 고등학교 가서 제대로 실력 발휘를 할 수 있습니다. 자기 공부하는 시간을 확보하지 못할 정도로 학원을 다니는 것보다 매일 학교에서 배우는 내용에 대한 완전학습과 자기주도학습을 유지하는 것이 중요합니다.

고등학생이라면 아직 공부 습관이 잡히지 않았다면 욕심내지 말고 현실적인 목표를 세우도록 도와주세요. 학교와 학원 공부 이외에 배운 것을 혼자 익히는 시간이 반드시 필요합니다. 시험 기간이 아니어도 매일 꾸준히 해내는 자기주도학습이 있어야 합니다. 연습이 되어 있지 않다면 매일 영어 단어 30개. 학교와 학원에서 배운 수학 매일 복습, 영어독해지문 3개로 시작하면 됩니다. 최소한의 공부량인 대신 반드시 지켜야 합니다. 적은 목표지만 매일 해내는 아이, 그리고 스스로 칭찬하도록 돕고 성취감을 만끽할 수 있도록 해주세요. 목표가 작았기 때문에 계획대로 공부히는 것이 어렵지 않았을 겁니다. 1차 목표를 달성한 이후부터는 빠르게 공부량을 상향 조정합니다. 고등학생이니만큼 공부하는 양이 절대적으로 중요합니다. 시작부터 과도한 목표를 세운 후 실천하지 못해 좌절하기보다 해볼만한 목표를 매일 해내고 성취감을 원동력 삼아 공부 습관을 들이는 것이 좋습니다.

3. 공부 보상 점검하기

한동안 6학년 큰아이의 공부 보상은 게임 시간 1시간이었습니다. 그런데, 아이가 게임 시간 보상보다 더 좋아하는 게 있습니다. 잔소리 없이도 스스로 공부를 시작할 때 슬며시 들어 준 엄지척, 공부하면서 먹으라고 슬쩍 놓아주는 과자, 열심히 집중하고 있을 때 가볍게 어깨를 토닥거리는 엄마의 손길, To Do List를 다 채웠을 때 매일 해내는 네가 정말 자랑스럽다는 엄마의 눈빛, 요즘 알아서 척척 해낸다고 아빠에게 말하는 간접 칭찬 등이 그것입니다. 이런 피드백을 감정 보상이라 합니다. 하기 싫다는 마음을 이겨내고, 계획을 실천하려는 아이의 노력을 당연하게 여기지 마시고 매번 진심어린 손길, 눈빛, 토닥임, 간접칭찬 등으로 보상해 준다면 집공부를 지속할 수 있는 충분한 원동력을 얻을 수 있게 됩니다.

4. 공부 정서 점검하기

아무리 잔소리를 아무리 해도 움직이지 않는 아이들은 학습에 대한 부정적인 마음이 가득 찬 건 아닌지 점검해야 합니다. 그 이유를 두 가지로 나눠 생각해볼 수 있습니다. 먼저, 시기를 놓쳐서 누적된 학습결손이 커져 공부를 두려워할 수도 있습니다. 또는 처음에는 잘 해왔지만 과도한 학습량에 지쳐서 마음이 닫혔을 수 있습니다.

마음이 움직여야 몸도 따라 움직입니다. 자녀를 객관적으로 평가해서 학습결손이 크다면 학년보다 낮은 수준의 교재로 천천히 회복시켜주시면 됩니다. 학교나 학원에서는 또래보다 쉬운 공부를 하는 것이 창피할 수 있어서 집에서만 가능합니다. 어렵고 과도한 학습에 지친 아이는 해낼 수 있는 수준과 양으로 바꾸셔야 합니다. 아이들 공부는 고등학교까지 이어지는 장기 레이스입니다. 초반에 힘빼면 장기 레이스를 이어갈 수 없습니다.

5. 공부 환경 점검하기

아이가 공부하는 공간과 가족들을 점검해 볼 필요가 있습니다. 혹시 아이가 공부할 때 아빠는 게임하고, 엄마는 스마트폰을 보면 있지는 않나요? 학습 루틴을 잡아 가는 시기에는 아이 혼자서 공부를 지속하기 어렵습니다. 매일 꾸준한 양의 공부하는 것이 습관이 될 때까지는 미디어 자극을 차단하고 집안일을 멈추고 방해되는 요소를 제거해 주세요.

저희는 식탁을 식사 겸 공부 책상으로 사용합니다. 저녁 식사를 정리하고 그 자리에서 함께 공부를 시작합니다. 아이들 공부하는 한켠에 저도 자리 잡고 일을 하거나 책을 봅니다. 엄마도 옆에서 일하고 있으니 적어도 '나를 공부시키고 부모는 편하게 노는구나' 하는 억울함을 느끼지 않게 하려는 의도입니다.

이 닦기 싫어 도망 다니던 아이가 언젠가부터 이를 안 닦으면 텁텁하고 찜찜한 마음으로 바뀌었습니다. 공부도 그러해야 합니다. 매일 하던 공부를 안 할 때 허전함을 느껴야 루틴이 잡힌 상태라 볼 수 있습니다. 이때부터는 부모의 공부하라는 잔소리가 줄고, 하기 싫다는 짜증없이 공부할 수 있게 됩니다.

공부 정서 지키며
집공부에 재미 붙여주는 말

매일 꾸준히 충분한 양을 완전학습해야 한다는 것은 이제 충분히 인식하셨을 겁니다. 그렇다면 공부하기 싫다고 아이를 어떻게 하면 책상에 앉게 할 수 있을까요? 어떤 말이 아이의 마음을 움직일 수 있을까요?

"우리집 강아지로 살래?"

극단적인가요? 아이가 어른으로 성장하면서 꼭 배워야 하는 것이 '하고 싶은 일'보다 '해야 할 일'을 먼저 해내는 것입니다. 놀고 싶고, 쉬고 싶고, 편하고 싶은 마음을 누를 줄 알아야 합니다. 하기 싫지만,

재미없지만, 어렵지만 해야 할 일이 공부입니다. 하기 싫었지만 참고 해낸 후 홀가분한 마음, 어려운 것을 풀어냈다는 성취감을 맛보는 것이 중요합니다.

반면 강아지에게는 꼭 해야 할 일이 없습니다. 하고 싶은 일만 해도 사랑받습니다. 그래서 남매가 공부하기 싫어하면 '우리집 강아지로 살래?'하고 진지하게 묻습니다. 꼭 해야 하는 공부 없이 그저 사랑만 받는 강아지로 살라는 겁니다. 대신 강아지는 선택과 성장이 없음을 설명합니다. '자기 몫의 일을 해내고 받는 보상, 점차 어른이 되어 얻는 삶의 선택권과 자율권은 없어. 부모의 주도에 잘 따라야 사는거야' 처음에는 공부 안 하는 강아지 제안에 솔깃했다가도 제안 조건을 듣고 공부하는 아들과 딸 자리를 선택합니다. 어리지만 내 몫을 해내며 원하는 것을 누리며 사는 것이 맞다는 이치를 알기 때문입니다.

"너를 믿기 때문에 학원에 보내지 않는 거야"

저희집 큰아이는 수학을 현행 중심으로 심화 수준까지 공부하다가 6학년이 되면서 야심차게 선행학습을 시작했습니다. 무료 강의를 들을 수 있는 EBS 만점왕 플러스로 학교 진도보다 앞서 공부하기를 시작했습니다. 문제는 늘 하던 현행 공부에 선행학습을 추가해서 하다 보니 학습량도 늘었고, 배우지 않은 것을 강의로만 이해하려니 공부도 어려워졌습니다. 아이의 공부 투정이 크게 늘었습니다. 하기 싫다,

어렵다, 안 하면 안 되냐 등등 아이가 자주 보챕니다. 그럴 때마다 아이에게 하는 말이 있습니다.

"엄마는 널 믿어서 학원에 보내지 않는 거야. 다들 학원 다니며 하는 선행을 너는 학원 없이도 잘할 거니까. 충분히 해낼 수 있다고 믿으니까."

그 말에 아이 눈이 빛납니다. 믿음의 말이 아이의 자신감을 세우고, 한번 해보자는 의지를 올려줍니다.

"엄마 정리하는 동안 어떤 걸 할 계획이야?"

빈둥거리는 시간이 길어지면 이렇게 말합니다. "엄마는 수업준비 할건데, 이 시간에 아들은 뭐 할 계획이야?", "엄마는 이제 블로그에 글을 쓰려고 하는데 딸, 다음 계획이 뭘까?" 공부할 생각이 없었는데 다음 계획을 묻는 질문이 들어오면 순간 '뭘 할까' 고민하게 됩니다. 이 질문은 어느 정도 집공부가 연습됐을 때 효과가 있습니다. 집공부 초기라면 공부 계획서 등을 보여주면서 이 중 어떤 것을 하겠냐고 선택하게 하시면 됩니다. 저희집 To Do List에는 매일 할 공부 종류는 적혀있지만 시간과 순서는 없습니다. 어떤 공부를 먼저 할지, 어떤 순서로 할지 정도의 선택권이 있어야 공부를 주도하는 맛을 느낄 수 있습니다.

이도 저도 안 먹히는 날이 있습니다. 정 공부하기 싫다고 버티면 하루 공부를 모두 해내길 욕심내기보다 정말 중요한 것이라도 해낼 수 있도록 선택지를 줄여주세요. '오늘은 엉어듣기랑 수학교재 3쪽만 풀자. 그것만 하면 쉬게 해줄게. 대신 내일은 약속 지키자'하면서 말이죠. 물론, 어쩌다 한 번 쓰셔야 효과가 있습니다.

"남은 공부 끝내고 보드게임 할까?"

정해진 양의 공부를 매일 충분히 해내야 합니다. 그것을 반복적으로 해내는 것이 집공부입니다. 끝내 자기주도학습이 가능해지는 고등학생이 될 때까지는 루틴대로 공부할 수 있도록 아이를 이끄는 것이 부모의 역할입니다. 이때 끝까지 해내는 끈기가 아이에게는 없으니 해낼 수 있도록 옆에서 도와주셔야 합니다. 집공부는 부모와 자녀의 끝없는 밀당입니다. "다 했어, 안 했어?"는 따지는 말투입니다. 독촉하는 기분도 듭니다. 지시의 말보다는 스스로 오늘의 공부를 스스로 점검하도록 돕는 말이 좋습니다. 그러면서도 조금만 더 하면 보상이 주어진다는 희망을 품도록 도와주세요. 직장인들이 주말을 기다리며 목요일과 금요일을 버텨내듯, 아이에게도 집공부 후에 해방구가 있으면 남은 공부를 즐겁게 해낼 수 있습니다. "이제 남은 공부는 뭐야? 빨리 끝내고 보드게임 할까?" 제안하면 공부를 마무리하는데 속도가 붙게 됩니다.

집공부,
거실에서 합니다

워킹맘이다 보니 퇴근 후 저녁을 먹고 치우면 빨라도 7시입니다. 이때부터 집공부가 시작됩니다. 식탁은 곧바로 거실 공부 책상이 됩니다. 거실 공부를 하는 이유가 있습니다.

줄어드는 잔소리

거실에서 다 같이 모여 공부하면 의심과 잔소리가 필요없습니다. 아이가 방문을 닫고 방에서 공부하면 제대로 하고 있는지 의심이 듭니다. 실제로 집중 안 하고 딴짓할 수도 있고, 답안지를 보고 배껴놓고 공부했다 할 수도 있습니다. 스마트폰만 만지작거릴 수도 있고, 인강 듣는다고 하고 몰래 게임을 할 수도 있습니다. 어쩌다 이런 모습을 보게 되면 잔소리를 멈출 수 없기도 합니다. 하지만 거실 공부를 하면 모든 의심과 잔소리가 모두 사라집니다. 다 같이 모여 한 자리에서 공부하기 때문에 모든 딴짓이 차단됩니다. 시선을 뺏길 만한 물건이 없는 상태여서 쉽게 공부에 집중할 수 있습니다. 딴짓에 시간 낭비하지 않으니 해야 하는 공부를 더 빨리 끝내고 놀 시간을 확보하게 됩니다. 거실 공부를 통해 방해 요소 없이 집중하니 잔소리가 많이 줄어듭니다.

둘러 앉아 함께 보는 공부 To Do List

모두 식탁에 둘러앉아 공부를 하니 오늘 해야 할 수학 공부를 하는지, 영어 수업 숙제를 했는지 눈으로 확인됩니다. 지켜보고 있지 않아도 남매의 To Do List를 보면 됩니다. 공부를 한 개 끝낼 때마다 해당 To Do List 칸을 색칠하기 때문에 곧바로 알 수 있습니다. 다만 속도가 너무 느려 당일 해내야 하는 양을 못할 것 같으면 '이제 어떤 공부가 남았어?' 묻습니다. 본인이 지금 시간과 남은 시간을 고려해서 행동하도록 하기 위함입니다.

제대로 코칭하는 거실 공부

잘못된 공부 방법이 습관으로 자리 잡으면 고치기가 어렵습니다. 흔히 하는 실수 중 하나가 수학 문제를 풀 때 고민없이 답지를 확인하는 겁니다. 어려운 문제를 만나면 붙잡고 풀어낼 때까지 고민하기보다 빠르게 답지를 보고 고개를 끄덕이는 겁니다. 최대한 자세히 한글로 설명되어 있으니 읽은 것인데 완전히 이해된 것으로 착각합니다. 수학 문제를 풀 때 가장 중요한 것은 단 10분이라도 물고 늘어져서 사고하는 습관입니다. 고난도 문제에 과제집착력을 모이며 수학적 사고력을 발휘하는 역량은 내신 등급 변별력을 위해 문제 난이도가 높아지는 고등학교에서 꼭 필요합니다. 거실에서 함께 공부하면서 쉽게 답지를 보고 넘어가는 습관을 멈추게 할 수 있습니다.

의자에 앉는 자세도 바로잡아줄 수 있습니다. 학년이 올라갈수록 아이들을 딱딱한 학교 의자에 앉아 오랜 시간을 버텨야 합니다. 앉은 자세가 나쁘면 점차 그 자세가 고정되어 허리에 무리를 줄 수 있습니다. 의자에 걸터앉거나, 어깨가 너무 구부정하거나, 의자를 갖고 장난치지 않도록 지도합니다. 거리를 두고 말로만 지적하기보다 직접 굽은 어깨와 허리를 펴는 자세를 잡아두고 마무리도 부드럽게 토닥여주는 스킨십으로 교정하는 것이 좋습니다.

거실에서 함께 공부하면 아이들이 쉽게 질문을 합니다. 방에서 혼자 공부하는 동안에는 궁금해도 덤덤히 넘기기도 하지만 거실에서는 생각나면 바로 질문하기 쉽습니다. 질문에 곧바로 대답해 주기보다는 스스로 답을 찾는 방법을 안내합니다. 사전, 관련 도서, 유튜브 검색법, 교과서 다시 찾아보기 등으로 유도합니다.

거실 공부의 딜레마, TV

거실 공부를 고려할 때 제일 큰 고민이 TV입니다. 결론을 말씀드리면 거실 공부 할 때 TV를 없애야 것이 필수는 아닙니다. 저희집 거실에도 TV가 그대로 있습니다. 대신 'TV는 특별한 이유가 있을 때에만 켠다.' 약속이 지켜지고 있습니다. 남매는 유튜브 영어영상을 TV로 연결해서 봅니다. 작은 태블릿 PC 화면보다 거리감을 두고 보는 TV가 낫다는 판단입니다. 저희집에는 '책 읽고 영화 보기'라는 가족 문화가 있습니다. 원작 책을 다 같이 읽고 함께 영화를 보며 풍성한 대화를 나눕니다. 방학을 이용해서 양질의 다큐멘터리를 같이 보기도 합니다. 주말에는 남매가 좋아하는 예능 프로그램 1개를 같이 시청합니다. 저희집에서는 없었을 때의 장점보다 필요한 이유가 더 많았기 때문에 굳이 없앨 이유가 없었습니다.

교과서 중심으로 공부했다는 상위권 아이들의 숨겨진 특징

인문계 고등학교 상위권 아이들 정말 살벌하게 공부합니다. 이런 아이들은 대체 어떻게 공부할까요? 믿기 어려우시겠지만 정말 교과서 중심으로 공부합니다. 그런데 '교과서 중심으로 공부했다'는 말 앞뒤에 숨겨진 맥락을 살펴야 합니다.

한 순간도 놓치지 않는 집중력

'교과서 중심으로 공부했다'는 '내신 문제 출제에 기본이 되는 교과서를 중심으로 공부했고, 수업 시간에 집중했다'로 읽을 수 있습니다. 내신 시험은 교과 담당 교사가 출제하기 때문에 그의 수업에 최대한 집중하는 겁니다. 상위권 아이들은 수업 내용은 물론이고 교사의 제스처 하나도 놓치지 않습니다. 이 과정을 교과서 숭심으로 공부했다고 축약하는 겁니다. 가끔은 그 눈빛에 압도될 지경입니다. 성적만 1등이 아니라 수업 태도도 1등입니다.

필기는 반드시 필요할 때만

많은 아이들이 수업을 듣기보다 필기에 집착합니다. 학습지의 빈칸 채우기 또는 설명하는 상당부분을 메모하는데 힘을 뺍니다. 하지만 상위권 아이들은 본인이 모르는 부분만 정확하게 표시하거나 정말 필요한 내용만 적어두고 대부분 에너지를 올곧이 수업에 집중합니다. 필기를 안 하는 건 학습결손이 없기 때문에 가능합니다. 또한 필기보다 중요한 것을 압니다. 교사의 억양이나 표정과 같은 비언어적 부분을 놓치지 않고 파악해 강조하는 부분을 찾습니다. 반면 필기에 집중하던 학생들은 놓치는 부분입니다.

학습결손 없는 아이들

상위권 중에도 선행학습 유무, 또는 얼마나 했는가는 아이마다 다릅니다. 비율로 보면 90%가 선행학습을 하고 10% 정도가 선행 없이 상위권을 유지합니다. 하지만 중요한 것은 선행학습을 했는지 여부가 아닙니다. 학습결손 유무입니다. 선행학습을 했다는 건 자기 학년보다 앞서 공부를 했다는 것이니 현재 학년을 완전학습하고 있다는 뜻은 아닙니다. 남보다 빠르게 학습 진도를 빼는 것에 방점을 찍게 되면서 현행 학습을 소홀히 하는 아이들이 많습니다. 또는 선행과 현행을 동시에 진행하면서 학습량이 버거워 학습에 구멍이 생기게 됩니다. 학습결손이 상당한 상태로 고등학교에 입학하면 기초가 부실해서 아무리 현행을 열심히 해도 무너질 수 밖에 없습니다. 반면 상위권 학생들은 학습결손이 없기 때문에 현행 학습을 열심히 하면 단단한 기초 위에 차곡차곡 쌓이기 때문에 학습 효과가 탁월합니다. 내신 시험 유무와 상관없이 중학교 교과 과정을 구멍이 없이 집공부로 완전학습 해야 하는 이유가 여기 있습니다.

매일 해내는 압도적 학습량

상위권을 유지하는 아이들은 학습량도 상위권입니다. 내신 시험 기간과 상관없이 매일이 세운 계획하에 목표한 학습량을 꼭 해냅니다. 그 학습량 마저도 다른 학생들보다 월등이 많습니다. 학습은 지필고사가 끝나도, 주말에도, 방학에도 어김없이 지켜집니다. 꾸준히 공부했으니 본인에게 맞는 공부 방법을 알고 있어서 공부에 낭비되는 시간도 없습니다. 메타인지가 발달해서 부족한 부분을 반드시 제대로 공부합니다. 학습결손없이 공부하는 것마다 누수없이 차곡차곡 쌓이니 상위권이 아닐 이유가 없습니다.

뛰어난 과제 집착력

상위권 아이들은 시험이 난이도에 상관없이 주어진 시간을 최대한 활용합니다. 시험이 쉬워서 시간의 여유가 있을 때는 점검을 통해 부족한 부분은 없는지 재차 확인합니다. 반대로 어려운 문제를 만나도 포기하지 않습니다. 이것이 과제집착력입니다. 잘 풀리지 않는 문제, 힌트를 찾지 못하는 문제를 풀어내기 위해 물고 늘어지는 끈기, 해결될 때까지 집중하는 힘을 가져야 합니다.

공부할 때도 과제집착력이 요구됩니다. 완벽주의에 가깝게 모든 걸 이해하고 넘어가고, 풀리지 않을 때 도움을 받아 빨리 해결하려 하기보다 스스로 해내려고 노력합니다.

믿는 만큼 해냈다는
상위권 아이 부모들 특징

《믿는 만큼 자라는 아이들》의 저자 박혜란 선생님, 요즘은 가수 이적 씨 어머니로 불리지만 오랜 시간 자녀교육에 대한 인사이트를 나눠주신 분이십니다. 선생님은 아이들을 믿고 그저 방치했더니 아들 삼 형제가 서울대를 갔다고 하십니다. 정말 아무것도 안 하셨을까요? tvN 〈유퀴즈 온 더 블록〉에 출연한 가수 이적 씨가 기억하는 어머님의 모습은 달랐습니다. 매일 새벽에 일어나 삼 형제의 도시락을 챙기고, 남편과 아이들의 아침 식사를 차렸습니다. 집안일과 아이들을 챙기고 나면 남는 시간을 쪼개 낮 동안과 밤잠을 줄인 밤시간에 대학원 공부를 이어가셨다고 합니다. 아무것도 하지 않은 게 아닙니다. 자녀들은 어머님의 하루를 거울 삼아 자란 것입니다.

한 가지 추가적으로 고려해야 할 점이 있습니다. 이적 씨 삼 형제가 자라던 때와 요즘은 환경이 다릅니다. 24시간 나오는 OTT, 손마다 들려있는 스마트폰, 친구들과 함께할 수 있는 게임, 시간 잡아먹는 SNS가 존재합니다. 요즘 믿고 알아서 크라고 두면 각종 미디어, 유튜브, 게임, SNS에 노출됩니다. 시대가 달라지며 상위권 부모님의 육아 기조도 달라야 합니다. 20년간 학부모 상담을 통해 알게 된 상위권 학부모님의 특징이 있습니다.

믿고, 믿어주는 관계

상위권 부모님은 대체로 자녀와 돈독한 관계를 유지하십니다. 편하게 친구같은 사이인 경우도 있고, 부모님을 존경하고 믿고 의지하는 신뢰가 견고한 경우도 있습니다. 부모와 자녀 사이가 좋다는 건 의사소통이 된다는 점에서 중요합니다. 그래야 진심 어린 부모의 조언이 자녀에게 통합니다. 자녀를 믿는 마음에서 나오는 응원과 정서적 지지를 발판 삼아 자존감을 견고히 합니다. 고민이 있고 힘든 결정을 앞두고 의지할 어른이 있음을 잊지 않습니다. 부모님의 희생과 노고에서 나오는 경제적 지원을 감사히 여기며 더 열심히 공부할 이유로 여깁니다. 무엇보다 마음의 안정이 아이를 나아갈 수 있게 만듭니다. 모든 것의 출발은 관계가 좋아야 합니다.

올바른 학습 환경을 위한 스마트폰 관리

현시점 고등학생들은 성공적으로 대입을 치루기 위해서는 공부만 하기에도 시간이 부족한 것이 현실입니다. 그런데 공부할 시간을 SNS, 게임, 유튜브에 시간을 뺏기는 아이들이 많습니다. 코로나 팬데믹 이후 급격히 늘었습니다. 쉬는 시간만 되면 스마트폰부터 찾습니다. 현란한 화면의 잔상이 남아 수업 시간에도 집중하지 못합니다. 상위권 친구들은 스마트폰이 없거나 있어도 철저한 시간 제한이 있는 경우가 대부분입니다. 이는 아이 스스로 자제했다기보다 부모님과 관리가 있었기 때문에 가능합니다. 학업에 집중할 수 있게 습관을 만들어주는 일 뿐만 아니라 환경 조성도 중요합니다. 그 중 가장 핵심이 모든 종류의 전자기기 관리입니다.

아이에 대한 객관적 평가

학부모 상담 때 자주 듣는 말이 있습니다.

"얘가, 초등까지는 잘했거든요."

"어려서부터 논술학원 다녀서 글은 잘 써요."

"수학 머리는 있는데 공부를 안 해서 속상합니다."

초등 때 기억에 머물며 현재 문제를 정확하게 판단하지 못하신 겁니다. 학원에서의 피드백만 믿고 부모가 직접 아이를 판단하지 않는 분들도 많습니다. 지능뿐만 아니라 끈기, 과제십착력, 리더십 등의 역량도 아이의 실력이라는 것을 놓치시는 부분입니다.

반면 상위권 부모님은 아이의 장단점을 정확하게 파악하십니다. 보탬과 과장 없이 객관적인 시선으로 판단하십니다. 이는 내 아이에 대해 외부 평가에만 의존하지 않고 또는 독단적으로만 판단하지 않기 때문에 가능합니다. 공들여 아이를 살피고 근거를 바탕으로 아이를 판단하기 때문에 가능합니다. 부족한 점을 발견하면 지적하거나 타박하지 않고 개선할 수 있도록 아이를 돕는다는 면에서도 차이를 보이십니다.

책 좋아하는 부모님

경험상 60% 정도의 부모님이 책을 보십니다. 본래 책 읽기를 좋아하셔서 어려서부터 책 읽는 부모님을 보고 자란 아이들은 대체로 본인도 책 읽는 습관이 만들어집니다. 반면 뒤늦게 공부하는 아이를 지지하는 마음으로, 공부하는 시간 함께하려는 생각으로, 또는 공부를 방해하지 않기 위해 책을 읽으신다는 분들도 계십니다.

결과가 아닌 과정을 살피는 마음

대체로 아이들이 중학교 이후부터는 적절히 자기 힘으로 공부했다고 말합니다. 부모님도 아이들이 스스로 해내기를 기다려주며 특별히 한 것이 없다 말씀하십니다. 하지만 그 말 그대로 받아들이시면 안됩니다. 믿고 기다려주기 이전에 일찍부터 매일 공부하는 자기주도학습, 주어진 것들에 책임감을 가지고 최선을 다하는 태도와 생활 습관을 길러주셨을 겁니다. 아이들이 스스로 해낼 수 있도록 기다려 주되 SNS, 게임, 유튜브 등 유해한 환경으로부터 아이들의 시간 관리를 적절히 관리해 주셨습니다. 아이와의 돈독한 사이를 유지하며 아이에게 부족한 면이 보이면 조금씩 도움을 주며 아이가 앞으로 나아가는 걸 지켜보신 겁니다.

누구나 자녀의 상위권 성적을 기대합니다. 이는 아이의 노력만으로 얻을 수 있는 것도 아니고, 그렇다고 전적으로 부모에 의해 만들어지는 것도 아닙니다. 부모와 아이가 한 팀이 되어 적절히 협력해야 최고의 성과를 얻을 수 있습니다. 그러기 위해 아이와 돈독한 관계를 유지해야 합니다. 강점은 키우고 단점은 보완할 수 있도록 세심히 살펴야 합니다. 그렇게 믿고 기다려주시면 아이들은 분명 해냅니다.

중위권·상위권 아이들의 현실적인 차이

상위권과 중위권의 기준이 좀 모호합니다. 정해진 건 없지만 편의상 상위권을 인서울 할 수 있는 성적으로 구분하겠습니다. 현 고등학생 기준 내신 등급 2등급 이내 학생들이 해당됩니다. 2009년생이 고등학교에 입학하는 시점부터는 1등급만 상위권 그룹이 됩니다. 중위권 그룹은 상위 50~10%에 속하는 40% 정도 그룹입니다.

두 그룹 모두 학교에서 보면 공부하는 그룹에 속합니다. 문제는 늘 공부하고 있는데, 누군가는 상위권이 되고 누군가는 중위권에 머문다는 점입니다.

'열심히'의 기준

"선생님, 저 이번에 기말고사 준비가 좀 미흡한 거 같아요. 공부 시간이 충분하지 않았어요."

유나는 반에서 성적이 제일 좋은 아이입니다. 상위권 아이들은 스스로에게 적용하는 기준이 높습니다. 스스로 정한 매일 공부해야 하는 시간과 분량이 남보다 현저히 많습니다. 본인이 부족하다고 느끼더라도 막상 해내는 양이 많을 수밖에 없습니다.

"이번에는 좀 열심히 공부하는 것 같아요. 중간고사보다 잘하고 있어요."

반대로 성적 향상을 위해 노력하는 가영이는 담임의 입장에서 공부량이 아쉽습니다. 본인은 열심히 공부했다고 생각하지만 상위권 성적을 얻기에는 충분하지 않습니다. 가영이는 중위권입니다. 상위권과 중위권은 '열심히'에 대한 기준이 다릅니다. 노력에 대해 중위권은 관대하게 평가하는 반면, 상위권은 기준을 높게 잡고, 적용 또한 엄격합니다. 높은 기준에 도달하기 위해 더 노력하고 제대로 하고 있는지 깐깐하게 판단합니다. 결과는 당연히 좋을 수밖에 없습니다.

공부 감정 기복의 차이

"오늘은 공부할 기분이 아니에요."

심통이 난 얼굴을 한 미아는 수업을 거부하고 엎드려 버립니다. 허용적인 부모님 밑에서 자기 감정을 조절하는 능력을 기르지 못한 아이들은 종종 공부도 감정에 따라 들쭉날쭉입니다. 물론 기분이 맑은 날도 있고, 흐린 날도 있습니다. 하지만 성숙하게 자기감정을 조절할 줄도 알아야 합니다. 학창 시절에는 감정에 따라 공부를 할지말지 결정하지만 성인이 돼서도 자기 맡은바 일을 감정에 따라 결정하면 낭패를 경험할 수도 있습니다.

반면 상위권 아이들은 크게 감정 기복이 없이 항상심을 유지합니다. 기분에 따라 휩쓸려 일을 망치지 않습니다. 덕분에 항상 비슷한 루틴을 유지합니다. 공부가 선택의 문제가 아니라 해내야 할 일이라면 자기 자신을 잘 다스려 완수하는 것도 상위권이 지닌 역량입니다.

수업에 참여하는 능동적 태도와 수동적 태도

기본적으로 공부하는 아이들이니 두 그룹 모두 대체로 수업에 열심히 참여합니다. 수업 내용에 집중하는 것은 물론 교사의 질문에 대답하는 것도 이 친구들입니다. 그런데 차이가 나는 지점은 능동성과 열의입니다. 상위권 아이들은 수업에 주인으로 참여합니다. 수업 시간에 가장 많이 말하고 이끌어가는 것은 교사이지만 상위권 아이들은 수동적으로 받아들이기만 하지 않습니다. 학습 내용을 본인이 아는 것과 모르는 것으로 나눠 판단하는 프로세스를 작동합니다. 의문이 생기면 질문하고, 모르는 것도 질문합니다. 이렇게 적극적인 태도를 갖고 있는 덕에 졸거나 늘어질 틈이 없습니다. 분명 두 그룹 모두 수업에 참여했고, 수업을 들었는데 그들이 받아 가는 것에는 큰 차이가 있습니다.

스스로에게 관대한 아이, 엄격한 아이

상위권 아이들은 국가대표급 체력을 지닌 것은 아닐텐데 질병지각, 조퇴, 결석이 드뭅니다. 반면 중위권 아이들은 아픈 것을 참지 않고 쉽게 지각, 조퇴, 결석을 합니다. 체력 차이 또는 질병 유무가 아니라 자신에게 얼마나 관대한지에 따른 태도의 차이입니다. 아프면 쉬어야 하는 게 맞지만, '아프다'는 기준이 고무줄 늘어나듯 팽팽하기도 하고 너무 느슨하기도 합니다. 감기로 인해 병원에 들렀다가 등교하겠다는 연락은 병원 문 열자마자 진료를 보고 오겠다는 말이 아닙니다. 이왕의 지각이니 좀 더 자고 느긋하게 병원에 갑니다. 그렇게 4교시나 돼야 학교에 오는 경우가 허다합니다. 사소하지만 몇 시간의 수업 결손이 발생했습니다. 반면 상위권 아이들은 수업 결손을 막기 위해 대체로 방과 후에 병원을 택합니다.

기준의 관대함과 엄격함은 본인 태도에 달려있습니다. 느슨하게 편안함을 즐기는 태도는 곧 삶이 됩니다. 반면 보다 타이트하게 자기 자신을 챙기는 아이들은 참고 인내한만큼 보다 많이 얻게 됩니다.

상위권으로 도약을 돕는
학습 태도 개선 방법

아이들의 타고난 머리는 비슷합니다. 매일 등교해서 수업 듣고, 학원 다니며 공부하는 시간도 대동소이합니다. 그럼 비슷하게 투자하는데 누군가는 상위권 성적을 받고 누군가는 만족스럽지 못한 성적을 얻게 되는 차이는 어디서 비롯될까요? 시간의 양은 비슷하지만 시간의 밀도가 달랐기 때문입니다. 공부하는 동안 얼마나 촘촘하게 쌓고, 충분히 쌓았는가에 따라 결과값이 크게 벌어지게 됩니다. 수업 태도를 개선하는 것으로도 유의미한 변화를 이끌어 낼 수 있습니다. 바람직한 수업 태도를 갖도록 다음과 같은 사항을 바로잡아 주세요.

체험학습과 인강 듣는 태도

한번 잘못된 수업 태도가 형성되면 뒤에 고치기 쉽지 않습니다. 하지만 자녀의 수업을 직접 보고 피드백할 수 없으니 체험학습 강좌를 활용해 볼 수 있습니다. 박물관, 과학관, 문화재 등에서 다양한 체험학습이 많습니다. 체험 중심 활동도 많지만 연령에 맞는 강좌도 다양합니다. 부모가 함께 참여하는 수업일 때 세세하게 수업 태도에 대해 알려주세요. 수업 중이나 수업 후에 알려주시는 건 효과가 적습니다. 수업 중에 말하면 아이의 집중을 방해하고 자칫 기분만 상할 수 있습니다. 수업 후에는 들으면 어떤 부분이 잘못된 것이 연결되지 않아서 교정 효과가 적을 수 있습니다. 수업이 시작하기 전에 수업을 들을 때 태도, 마음가짐, 자세 등에 대해 알려주세요. 모르는 내용은 메모하면서 수업을 들어야 한다는 것조차 모르는 아이들이 있습니다. 수업 시간에 당연히 지켜야 하는 태도에 대해 친절하게 알려준 적이 없는 경우가 대부분입니다. 아이와 충분히 의사소통이 된 이후 수업에 참여하고 수업 중 문제되는 모습을 보이면 눈짓만으로 경고할 수 있습니다. 앞선 대화 덕분에 쉽게 자세 등을 교정하게 됩니다. 중·고등학생은 집에서 인강 듣는 태도를 고쳐주시면 학교와 학원 수업 태도에도 긍정적인 영향을 미칠 수 있습니다.

충분한 수면

　요즘 전자기기 사용이 늘면서 아이들 수면의 질이 현저히 떨어졌습니다. 어두운 곳에 누워서 스마트폰 화면을 들여다보다 잠이 들면 깊은 수면에 빠지지 못합니다. 불빛으로 인해 얕게 자고 스마트폰에게 시간을 뺏긴 만큼 짧게 잡니다. 피곤하니 수업 시간에 집중하지 못하는 건 당연한 결과입니다. 적어도 잠들기 두 시간 이전부터 스마트폰을 보지 못하도록 철저히 관리되어야 합니다.

수업 전 교과서 확인하기

　수업 전 교과서를 보는 건 예고편을 보는 것과 같습니다. 예고편을 통해 누가 주인공인지, 장르가 스릴러인지 코미디인지, 어떤 갈등이 일어날지 알게 되면 나만의 관전 포인트가 생깁니다. 수업 전 교과서를 보는 것도 비슷합니다. '오늘 배울 부분이 함수구나', '어제 내용의 연장선이구나, 새로운 단원이네' 정도를 알고 수업에 참여하는 것과 아닌 것은 차이가 큽니다.

인강 듣는 시간 정해놓기

　많은 친구들이 인강 프리패스권, 1년권 등을 구입합니다. 개별 강의를 결제하는 것보다 훨씬 저렴하기 때문입니다. 하지만 대부분 모든 학생들은 완강하지 못합니다. 언제든 편하게 들을 수 있는 대신 인강에는 학원 현장 강의처럼 강제성이 없습니다. 이럴 때 스스로 강제성을 부여해야 합니다. 강좌마다 공부할 시간을 정합니다. 이를 공부 플래너에 꼭 기입해 실천합니다.

인강 배속금지

시간을 절약하겠다는 생각으로 인강을 배속으로 듣는 친구들이 많습니다. 절대 안 됩니다. 교사가 준비한 50분짜리 수업에는 많은 전략들이 들어가 있습니다. 이렇게 농축된 수업을 학생들은 배속해서 듣게 되면 100% 수업 의도를 흡수할 수 없습니다. 충분히 이해했다고 생각하는데, 큰 착각입니다. 한번 할 때 제대로, 완전학습하는 습관을 들여야 합니다. 오히려 인터넷 강의이니 필기할 부분이 있으면 멈추고, 이해가 되지 않는 부분이 있다면 앞으로 돌려서 다시 들을 수 있는 장점을 활용하며 듣습니다.

필기는 간단한 메모 수준으로

수업을 들을 때에 모든 내용을 필기로 승화시키는 아이들이 있습니다. 다양한 색을 이용해 일목요연하게 필기한 노트를 보면 본인이 공부한 결과물에 뿌듯해합니다. 그런데 화면 속에 내용을 그대로 베껴 쓰는 필기에 빠져서 정작 중요한 설명을 놓치게 됩니다. 화면에 있는 판서를 필기하는 건 베껴 쓰는 행동입니다. 이해하고 머릿속에 집어넣었다가 그것을 출력해서 쓴다면 도움이 됩니다만, 대부분은 그게 아니라 보이는 글자를 그대로 옮겨 적는 행위에 그칩니다. 필기하는 시간에 수업을 열심히 듣고, 필요한 부분을 메모하듯 써놓으세요.

깨끗한 책상 위, 바른 자세

절대 침대에서 편한 자세로 들으면 안 됩니다. 수업은 강의하는 사람의 독백 무대가 되면 안 됩니다. 강사의 질문에 대답하고 내가 궁금한 것은 무엇인가를 생각하며 적극적으로 참여해야 합니다. 그것의 기본은 자세입니다. 잠옷 차림 그대로, 또는 밤에 졸린 상태로 듣지 마세요. 세수하고 편한 일상복으로 갈아입고 바른 자세를 유지해 인강 듣는 기기와 교재만을 올려둔 깨끗한 책상 위에서 강의를 듣도록 합니다.

공부에 몰입하게
만드는 방법

한 페이지씩 소리내어 읽기

입 밖으로 소리내어 읽어보세요. 읽는다는 행동은 글자를 보고, 입으로 내뱉고, 다시 내 목소리를 귀로 듣게 되는 과정으로 이어집니다. 또박또박 아나운서처럼 읽지 않고 중얼거려도 됩니다. 책을 읽다가 이해가 안 되는 부분이 있으면 더듬더듬 중얼거리면서 읽기를 반복하다 보면 어느새 구절의 의미를 이해하게 됩니다. 그러니 공부를 시작할 때 집중이 되지 않으면 소리내어 읽으세요. 많이 할 필요 없습니다. 1~2페이지만 소리내어 읽다가 주변 상황이 멀어지고 교과서에 신경이 집중되는 것 같으면 그때부터는 편하게 눈으로 읽으면 됩니다. 공부하다가 집중이 흐트러지거나, 어려워서 이해가 안 되는 순간에서 다시 소리내어 읽기가 도움이 됩니다.

필사

집중이 될 때까지 교과서를 필사해 보세요. 수학은 공식의 전개 과정, 영어는 본문 내용, 사회와 과학은 주요 개념 설명 페이지를 필사하다보면 자연스럽게 주변의 소음 들리지 않고 필사하는 상황에 집중하게 됩니다. 적어도 쓰면서 딴생각을 하기는 어렵습니다. 필사를 통해 집중하기 시작했다면 이때부터는 자기만의 공부 방법으로 이어나가면 됩니다.

시작할 때만 가사 없는 클래식 듣기

음악을 듣는 것이 분명 집중력을 빼앗깁니다. 하지만 도통 주위 소음에 마음을 빼앗기거나 책에 집중하기 어려울 때는 도움을 받을 수 있습니다. 가사 있는 노래는 안 됩니다. 가사 없이 잔잔하게 주변 소음을 차단할 정도의 연주 음악이나 클래식을 들려주면서 주의집중을 교재로 옮겨보세요. 어느 정도 집중이 되면 음악 듣기를 멈추고 학습하는 것이 좋습니다.

설명하듯 말하기

교사이기 때문에 늘 질문 받습니다. '이 문제를 모르겠어요'라고 말하면 저는 아는 부분까지 설명해 보라고 말합니다. 그럼 이해한 정도까지 말로 설명하다가 스스로 답을 찾고 질문을 해결하는 경우가 왕왕 있습니다. 이처럼 말로 설명하는 과정은 생각보다 많은 사고력을 요합니다. 말하기 위해 머릿속에서 구조화하는 과정이 집중력에 도움이 됩니다. 학습 초기 집중하기가 어렵다면 누군가 있다고 생각하고 설명하듯 말해보세요. 수업하듯 말해도 됩니다.

"자, 이제부터 우리나라 기후에 대해 배워보자. 기후는 기온, 강수, 바람으로 구성되는데, 이걸 기후3요소라고 해"처럼 시작하면 됩니다.

미리 작성된 학습계획

내가 매일 어떤 공부를 할지 명확한 방향과 양을 제시하는 것이 학습계획입니다. 매일 요리하지만 늘 어떤 메뉴를 정해야할지 고민하느라 시간을 씁니다. 냉장고 열고 멍하니 보고 있기도 합니다. 만약 식단표가 정해져 있다면 고민할 필요가 없습니다. 오늘 식단에 김치볶음밥과 계란프라이가 정해져 있으면 요리 재료를 꺼내 만들면 됩니다. 학습계획은 바로 식단표와 같은 역할입니다. 공부에 대한 고민의 시간을 줄여주고 빠르게 공부에 임할 수 있도록 돕습니다.

2부

다양한
효능이 있는
종합비타민 독서

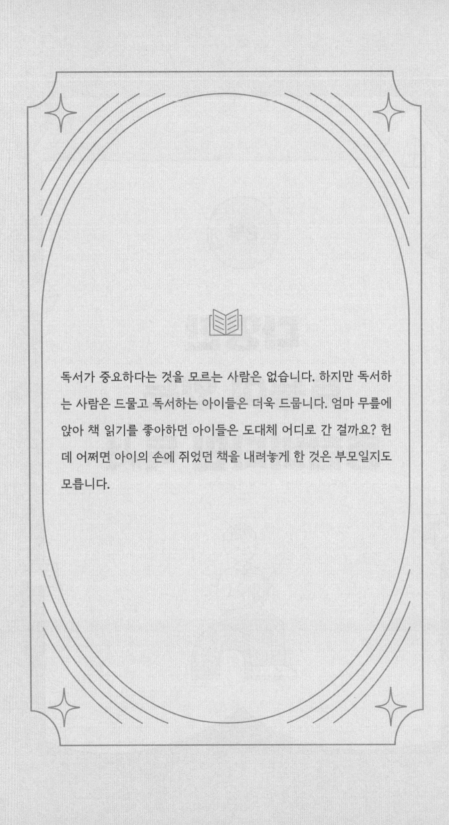

독서가 중요하다는 것을 모르는 사람은 없습니다. 하지만 독서하는 사람은 드물고 독서하는 아이들은 더욱 드뭅니다. 엄마 무릎에 앉아 책 읽기를 좋아하던 아이들은 도대체 어디로 간 걸까요? 헌데 어쩌면 아이의 손에 쥐었던 책을 내려놓게 한 것은 부모일지도 모릅니다.

독서 습관 잡기 위해
점검해야 할 4가지

독서가 만병통치약은 아닙니다. 하지만 독서를 통해 엉덩이 힘, 배경지식, 어휘력과 문해력 등 학습에 필요한 역량을 기를 수 있습니다. 그리고 독서는 인생을 살아가는 데 있어서 가장 중요한 지침서가 되어 줍니다. 독서는 만병통치약은 될 수 없지만 꼭 필요한 상비약 같은 존재입니다. 이처럼 중요한 독서가 내 아이에게도 습관이 되기 위해서 살펴봐야 할 것이 있습니다.

1. 읽기 독립에 집착하지 말자

책 좋아하는 아이들이 가장 먼저 탈락하는 시기는 바로 초등 입학

시기입니다. 학령기에 접어들 때쯤 아이들은 한글을 떼고 스스로 책을 읽을 수 있는 역량을 갖춥니다. 이때 부모들은 자연스럽게 책 읽어주기를 멈추고 아이 스스로 읽기를 바랍니다. 보통 이 과정을 '읽기 독립'이라 하는데 저는 '스스로 읽기'라 하겠습니다. 읽기 독립이라고 하니 반드시 부모와 분리해 빨리 혼자 해내야 하는 과업이라고 부담을 갖게 합니다. 때문에 대부의 부모들은 초등 입학을 전후해서 한글을 읽을 수 있으니 책 읽기를 스스로 해내도록 요구합니다. 언젠가는 스스로 읽어야 합니다. 하지만 절대 아이 혼자서만, 빨리 해내야 하는 과정은 아닙니다. 잠자리 독립처럼 억지로 읽기 독립을 시키는 것은 오히려 책 읽기에 대한 자발적인 흥미를 떨어트리고 책 읽기를 부담스러운 과업으로만 여기게 만듭니다.

'한글을 읽을 수 있게 되었다'가 '책을 읽고 이해할 수 있게 되었다'로 해석되어서는 안 됩니다. 구구단을 노래하듯 암기한다고 해서 두 자리 이상의 곱셈을 곧바로 해낼 수 없는 것과 같습니다. 스스로 읽기는 천천히, 자연스럽게, 자발적으로 혼자 읽을 때까지 기다려 합니다. 《하루 15분 책 읽어주기의 힘》에서는 중학생이 된 자녀에게도 가능한 책을 읽어주라고 권합니다. 아이에게 책을 읽어주는 과정에서 자연스레 유대관계가 단단해집니다. 부모가 책을 읽어주는 따뜻한 시간은 책을 좋아하게 만드는 중요한 요소입니다. 오랫동안 이 시간을 지속할수록 부모와 자식의 관계는 돈독해지고, 아이가 책을 더욱 좋아하게 만들어줍니다. 반면, 억지로 스스로 읽게 하는 과정이 역설적으로 책을 싫어하게 만드는 시간이 됩니다. 초등 1학년 때는 한글을 읽을 수는 있지만 의미 있게 해석하며 읽지는 못합니다. 그러니 혼자 읽으면 책이 재미가 없습니다. 이를 모르고 읽기 독립이 목표가 되어 버리면 아이의 속사정을 모른 채 읽어주기를 멈추고 혼자 읽기를 강요하게 됩니다. 1차적으로 책에 대한 흥미가 떨어지는 이유가 바로 여기에 있습니다.

스스로 읽기가 맞습니다. 스스로 재미있어서 자발적으로 읽을 때까지 충분히 읽어주세요.

2. 학습만화만 읽는 것을 방치하지 말자

저는 학습만화에 관대합니다. 권장하는 편에 가깝습니다. 집에 전권 소장하고 있는 학습만화가 여러 세트 있습니다. 과학, 역사, 영문법, 한자 등 진입 장벽이 높은 분야는 학습만화를 통해 접하면 훨씬 쉽고 재미있게 받아들일 수 있습니다. 하지만 학습만화만 보는 습관은 글밥책을 거부하게 만드는 원인이 되기 때문에 내버려두면 안 됩니다. 학습만화는 학습적 요소를 갖고 있기는 하지만 그림으로 표현하기 때문에 굳이 읽지 않고도 이해할 수 있습니다. '읽었다'보다 그냥 '봤다'는 말이 맞을 겁니다. 학습만화의 역할은 '관심 끌기' 까지입니다. 학습만화로 과학에 흥미를 느낄 수는 있지만 과학적 역량이 자라는 건 아닙니다. 한자를 편하게 익힐 수 있지만 어휘력과 문해력 향상으로 이어지지 못하는 것과 같습니다. 학습만화를 통해 어려운 분야의 관심 새싹을 사라게 하고 이를 사언스럽게 글밥책으로 옮겨 제대로 된 역량으로 성장시켜야 합니다. 이것이 바로 독서이앙법입니다. 재미있게 읽는 학습만화를 읽고 있다면 동일한 분야에서 가장 재미있는 글밥책을 찾아 끝없이 제공해주세요.

3. 책 읽기를 숙제처럼 할당하지 말자

책 읽기는 억지로 하면 안 됩니다. 독서는 재미있어서 찾아 하는 행동이 되어야 지속적으로 읽는 사람이 됩니다. 책 읽는 습관을 만들어 주어야 하는 건 맞지만 숙제처럼 책 읽는 시간과 양을 정해주는 건 오히려 책과 멀어지게 만듭니다. 자발적인 재미를 느끼며 스스로 읽는 게 아니라 과제를 수행하듯 의무감으로 읽기 시작하면 의무가 해제됐을 때는 읽지 않습니다. 초등 고학년만 돼도 국영수 공부에 밀려 To do List에 독서 시간을 할당하기 어렵습니다. 학교 다녀와서 여러 학원과 그리고 숙제를 하기에도 시간이 모자랍니다. 자연스레 의무적으로 읽어야 하는 독서 시간을 줄이게 되고, 과제처럼 주어지던 의무가 없어졌으니 책도 읽지 않습니다. 그간 책이 좋아서 읽은 것이 아니라 강요에 의해 읽었기 때문입니다.

책이 재미있어서 스스로 읽게 만드셔야 합니다. 더불어 전자기기 사용을 최대한 제한하고 관리하는 게 맞습니다. 아이에게 적당한 놀 시간이 필요합니다. 여유 있는 시간에 전자기기는 사용할 수 없으니 '심심한데 책이나 보자' 하도록 만들어주세요.

4. 비문학을 강요하지 말자

아이가 책 읽기를 바라는 마음에는 단순히 평생 가는 취미생활을 만들어주기에 머물지 않습니다. 독서를 통해 어휘력, 문해력을 기르고 배경지식을 쌓아 결국 학습에 도움이 되는 요소로 만들기 위함입니다. 그래서 기왕이면 재미있는 책보다는 교과서 수록도서, 필독서, 추천도서 등을 목록으로 만들어 읽게 합니다. 물론 읽으면 모두 도움이 양서입니다. 하지만 독서는 즐겁게 읽어야 지속성이 생깁니다. 책 읽기에서 즐거움을 배제하고 학습적인 부분을 강조하다보면 독서에 대한 흥미가 떨어집니다. 재미있는 책으로 독서습관을 잡고, 독서력을 충분히 키우세요. 그러면 어떤 책도 읽어낼 수 있습니다.

고등학교 1학년 통합사회 수업, 자본주의 경제 체제의 역사 수업을 하던 날이었습니다. 평소에도 수업 태도가 좋은 효민이지만 유난히 그 수업에는 발표도 많이 하며 흥미롭게 듣더군요. 수업을 마치고 그 이유를 알 수 있었습니다.

"쌤, 오늘 수업한 거 책에서 읽었던 것들이에요."

책 읽는 고등학생이라니 어찌나 반갑던지요. 곧바로 질문을 했습니다.

"언제, 어떤 책을 읽었는데? 왜 그런 책을 읽게 됐어?"

효민이는 중학교 2학년까지는 청소년 소설만 읽었다고 합니다. 그러다 중학교 3학년이 되니 고등학교 진학에 대한 위기감이 들어서 매일 자기 전 20분 정도 중학생이 읽으면 좋은 시리즈 등의 책을 1년 동안 꾸준히 읽었다고 합니다. 과학, 시사, 역사, 철학 등 다양한 소재가 들어있었고 그날 수업에 역사 파트에서 읽은 내용이 나와 더 반가웠다고 합니다. 효민이는 꾸준하게 읽으며 갖춰진 독서력이 있었기 때문에 책을 충분히 흡수할 수 있었던 것입니다. 너무 어릴 때 비문학 독서에 매달리지 않으셔도 됩니다. 우선 재미있게 읽고 책 읽기를 즐기는 아이가 되는 것이 가장 중요합니다.

책 좋아하는 아이로 만드는 책요일

아이들은 때로 청개구리 같습니다. 낮에는 읽으라고 해도 거들떠보지 않던 책을 잘 시간이 되면 갑자기 5분만 더 읽겠다고 고집을 피울 때가 있습니다. 이럴 때 참 난감하죠. 충분한 수면 시간 확보를 위해서는 재우는 게 맞습니다. 하지만 오래간만에 책을 읽고 싶다는데 그걸 덮게 하고 재우려니 아쉬운 마음도 듭니다. 사실 아이 마음은 정말로 책을 더 읽고 싶다기보다는 좀 더 늦게까지 놀다가 자고 싶은 마음이 컸을 겁니다. 책은 핑계에 불과하죠. 아무렴 어떤가요. '책을 읽고 싶다'라고 생각한 것이 중요하지요. 이 불씨를 살려야 합니다. 하지만 건강한 일상 생활을 위해 충분한 수면 시간을 확보하는 것도 중요합니다. 그래서 만든 것이 바로 책요일. 저희집 남매는 금요일을 불금이 아니라 책요일이라 부릅니다. 이날은 실컷 책을 읽으며 늦게 자도 된다고 허락되는 날입니다. 다음날인 토요일은 등교하지 않으니 평소보다 늦게 잠드는 것에 부담이 적어서 택했습니다. 단 자정까지로 시간 제한을 둡니다.

책 좋아하는 아이가 되기 위해서는 재미있는 책을 공급하는 것이 중요합니다. 하지만 제아무리 책이 재미있다 해도 아이가 책을 펼쳐서 읽으려 하지 않으면 아무 소용이 없습니다. 책을 잡아서 펼치게 하는 게 먼저입니다. 읽어봐야 재미있는지 아닌지 알 수 있지요. 그래서 아이가 자연스럽게 책을 펼칠 수 있도록, 즐겁고 편안한 분위기에서 책을 읽도록 만들어주면 좋습니다. 책요일에는 평소 제한적인 과자도 허용하고, 북카페 느낌으로 음료수 주문도 받습니다. 책 읽는 자세가 맘에 들지 않아도 지적하지 않아요. 단순 코믹북만 아니면 읽는 책도 제한하지 않습니다. 그저 책읽는 순간이 즐겁고 편안하다고 느끼게 만들기에 집중합니다.

아이들이 책요일을 기다리는 건 순수하게 책을 읽고 싶어서는 아닙니다. 뒹굴거리면서 과자먹고 책보는 분위기가 즐겁기 때문입니다. 게다가 평소 일찍 자야한다는 규칙을 깨고 늦게까지 깨어 있을 수 있다는 해방감이 책 읽기를 즐겁게 만들어 줍니다. 모로가도 서울만 가면 되죠. 처음에는 책 읽는 분위기 때문에 읽겠지만 차차로 책 자체를 즐기는 아이가 됩니다. 책요일에 책만 읽는 건 아닙니다. 함께 읽은 책의 영화 버전을 보기도 합니다. 금요일에는 가족이 모두 책을 읽

고, 때로는 영화를 보는 가족 문화가 책 좋아하는 아이를 만든 우리집
비결입니다.

학년별 책 & 영화 추천 목록

책 읽고 영화보기 초등 저학년 추천 목록	핀두스
	패딩턴
	마틸다
	찰리와 초콜릿 공장
	내 친구 꼬마거인 (영화 제목 The BFG)
	가방 들어주는 아이(EBS TV로 보는 원작동화)
책 읽고 영화보기 초등 고학년 추천 목록	기억전달자
	웡카
	우산 타고 날아온 메리 포핀스
	마당을 나온 암탉
	해리포터 시리즈
	와일드 로봇
책 읽고 영화보기 중학생 추천 목록	마션
	콘택트
	스즈메의 문단속
	오리엔탈 특급살인
	나미야 잡화점의 기적
	듄

집공부 TIP

책 읽고 영화 보는 가족 문화 만들기

책이 영화로 제작됐다는 것은 재미가 보장되었다는 걸 의미합니다. 영화로 만들어진 책을 골라서 함께 읽고 영화 보는 가족 문화를 만들어 보세요. 같은 책을 읽고 함께 영화를 보는 과정은 가족의 대화를 풍성하게 합니다. 책과 영화의 다른 전개 방식, 책에서의 묘사가 영상으로 어떻게 표현되었는지, 책에서 재미있게 읽었는데 영화에서 생략된 사건, 주인공 캐스팅 등 다양한 주제로 대화가 이뤄집니다. 큰아이가 초등 2학년에 해리포터 한 시리즈를 끝낼 때마다 함께 영화를 보기 시작한 것이 이후 글밥책을 꾸준하게 읽는 큰 원동력이 되어주었습니다.

어휘력, 문해력이 무너지면 겪게 되는 실제 상황

어휘력, 문해력이 떨어진다는 사회적 문제의식은 이제 충분히 인식된 듯 합니다. 하지만 고등학생을 수업하는 제가 현장에서 느끼는 문제는 훨씬 심각합니다. 어휘력과 문해력이 무너진 아이들이 고등학교에서 어떤 모습일지 경험을 공유합니다.

아이들에게 익숙한 듯 낯선 단어

저는 담임교사일 때 쉬는 시간에 교실을 자주 찾습니다. 그날도 다른 반 수업을 마치고 우리 반 교실에서 아이들을 살피던 중이었습니다.

"선생님, 소지가 어떤 거예요? 교과서로 뭘 하라는 거예요?"

세가 질문을 이해하지 못해 고개를 갸우뚱했더니 아이가 칠판을 가리켰습니다. 칠판에는 〈오늘 4교시 과학실로, 교과서 소지〉라고 적혀있습니다.

"소지품(所持品) 할 때 소지, 가지고 있으라는 뜻이지. 챙겨오라는 뜻이야."

질문을 한 아이 말고도 상당한 아이들이 제 말을 듣고서 고개를 끄덕이더군요. 대부분 모르는 단어였던 모양입니다. 일상에서도 자주 사용하는 말인데 그 뜻을 생각해 본 적이 없었던 듯 합니다. 아이들은 낯선 단어를 알게 된 것이 신기하다는 듯 제법 들떠서 책을 챙겨 과학실로 향했습니다.

또 다른 사례로 학급 아이들과 현장체험학습을 갔었던 때입니다. 사전에 식당을 섭외하고 메뉴는 아이들과 의논해서 시간 맞춰 주문을 해둔 상태였습니다. 모둠별로 주문한 제육볶음과 불고기전골 등을 먹고 있었는데 한 아이가 뾰로통하게 물었습니다.

"쌤, 전도 있는데 왜 미리 말씀 안 해주셨어요. 저 전 진짜 좋아하는데!"

모든 메뉴를 오픈하고 가격이 되는 선에서 미리 주문을 한 겁니다. 그런데 전 종류가 있다는 건 제가 알고 있는 정보와 달랐습니다. 그래서 다시 메뉴판을 들여다보고는 아차 싶었습니다.

'전메뉴 포장됩니다'라는 문구를 보고 한 말이었습니다. 전(全)메뉴, 전체 메뉴라는 뜻을 몰랐다기보다 상황에 맞는 해석을 못한 겁니다. 요즘 아이들은 영상 세대입니다. 글을 읽어서 자기 것으로 해석하려는 과정 자체를 생략하고 모든 걸 직관적으로 받아들입니다. 그러다보니 단어를 직관적으로만 해석하는 겁니다. 문장의 뜻이 어떤 의미일지 사고하는 과정이 생략된 것입니다.

읽고, 다시 읽어야만 이해하는 공부 과정

"선생님, 이게 무슨 말이에요?"

요즘 아이들 질문의 반 이상이 어휘입니다. 복잡한 개념이나 통찰력있는 비교에 대한 질문이 거의 없습니다. 한글로 된 교과서지만 어휘를 몰라 단어마다 찾아보며 독해하듯 읽습니다. 문장 하나를 온전히 읽지 못하고 모르는 단어가 튀어나와 하나하나 찾아봐야 합니다. 단어 뜻을 알고 나서 다시 문장 읽기를 반복합니다. 이렇게 읽었어도 이해되고 남는 것이 있으면 다행인데 그렇지 않습니다. 읽었지만 전체에서 말하는 핵심이 무엇인지 알지 못합니다. 문해력이 부족한 탓입니다. 지금까지 읽은 부분을 다시 읽어보고 나서야 어렴풋 요점을 파악합니다. 이해가 되지 않아서 다시 읽었다면 어휘력과 문해력은 부족하지만 공부 방법에서는 문제가 없는 편입니다. 교과서를 펼쳐서 더듬더듬 읽어놓고도 읽었으니 (공부하는 시늉만 했으면서 그것을 알지 못하고) 공부했다고 여기고 공부를 끝내는 경우가 허다합니다.

교직 경력 20년 동안 인문계 고등학교에만 근무했습니다. 그런데 해가 갈수록 어휘력과 문해력이 전보다 떨어지고 있음을 절절히 느낍니다. 그간 몇 번의 교육과정이 변화가 있었지만 본질적으로 수업하는 내용에는 큰 차이가 없습니다. 오히려 20년 전 보다 훨씬 쉽고 얕게 가르칩니다. 아이들은 이전의 어떤 세대보다 훨씬 일찍 공부를 시작하고, 두뇌발달은 물론 오감놀이, 촉감놀이 등등으로 다양한 자극을 받으며 성장합니다. 자라는 동안 부모의 전폭적 지지 또한 충분합니다. 그런데 왜 더 이해력이 떨어지고, 단어를 몰라 공부하기 어려워하고, 글 읽기 조차 힘들어하는 걸까요? 분명 초등학교부터 열심히 공부한 아이들인데 왜 여태껏 이런 문제를 인지하지 못하다가 고등학교와서 갑작스러운 거대 싱크홀이 발생하는 걸까요?

중학교까지 시험이 워낙 쉬웠기 때문입니다. 경쟁적인 내신 부풀리기 상황 때문에 중학교 시험은 정말 쉽게 출제 됩니다. 공부를 가볍게 해도, 또는 대충해도 문제가 쉬워서 맞힐 수 있습니다. 이런 조건때문에 어휘력과 문해력이 부족해도 티가 나지 않았던 겁니다. 아이는 문제만 맞추면 된다는 생각에 완전학습이 될 때까지 공부해 본 적이 없고, 부모는 시험지 점수에 만족하며 잘못된 판단을 하며 중학교를 보내게 됩니다.

이러던 아이들이 고등학교에 와서 갑자기 성적에 큰 구멍이 생기는 겁니다. 도로에 갑작럽게 생긴 싱크홀을 보는 것 같습니다. 도로 위에서 보면 싱크홀이 어느 날 갑자기 나타난 것 같지만 땅 속 입장에서는 아닙니다. 오랜 시간 지하수에 의해 조금씩 조금씩 지반이 침식되고 유실되면서 결국 커다랗고 큰 빈공간이 생겼을 겁니다. 그러다 어느 날 하중을 이기지 못하고 천장, 즉 도로가 무너지면서 우리 눈에 싱크홀이 보이게 됩니다.

돌멩이 가득한 밭을 일구는 일

고등학생들은 저마다 대입이라는 밭을 일굽니다. 모두 비슷한 시간과 공을 들여 밭을 가꿉니다. 하지만 수확량에서는 크게 차이가 벌어집니다. 어떤 아이는 이랑과 고랑까지 잘 정돈된 밭에 이미 제법 자란 모종을 심습니다. 남는 시간을 이용해 거름을 더해 가서 농사를 이어갑니다. 그런데 어떤 아이는 밭에서 돌멩이를 골라내느라 씨를 뿌리지도 못했습니다. 호미로 크고 작은 돌을 파내고 밭 바깥으로 제거하고 나서야 겨우 씨앗을 뿌릴 준비를 합니다. 그런데 이미 씨 뿌릴 계절이 한참 지나서 잘 자랄 수 있을지 걱정이 됩니다. 일찍 모종을 심은 밭은 보니 이미 쑥 자라있어 당황스럽습니다. 지금 씨앗을 심어 모종 상태로 심어서 거름까지 주고 한참 자란 것을 따라잡을 수 있을까요?

밭에 잔뜩 있던 돌멩이가 바로 어휘력 부족과 같습니다. 일일이 제거하고 나서야 제대로 공부(씨앗 뿌리기)를 시작할 수 있습니다. 돌멩이 하나 없는 밭에서 농사를 시작하면 이런 수고로움을 치루지 않고 알맞은 시기에 공부를 시작힐 수 있는 것과 차이가 큽니다. 이뿐일까요? 문해력을 갖춘 아이들은 교과서를 읽고 이해하는 힘이 갖추고 있어서 교과서의 씨앗을 잘 소화 시켜 모종 단계로 성장시키며 공부합니다. 반면 문해력이 부족한 아이들은 교과서를 읽어도 이해가 되지 않고, 어쩌면 이해했는지 못했는지 구분도 하지 못한 채 공부를 합니다. 훗날 두 밭에서의 수확량이 큰 차이를 보일 것은 불 보듯 분명합니다.

그런데 밭에 돌을 골라내야 한다는 것조차 모르는 아이들도 있습니다. 모르는 단어가 나와도 굳이 찾아보려 하지 않고, 또는 문맥상 어떤 뜻일지 떠올려보는 수고조차 안 하는 겁니다. 교과서를 공부했으면서도 금방 읽은 단원명도 모르는 경우가 허다합니다. 대단원, 중단원, 소단원의 제목과 학습 목표를 알고 공부하는 것은 글의 순서도를 보면서 읽는 것과 같습니다. 글의 구조를 파악하는데 큰 도움이 되며, 당연히 문해력 향상에 좋은 방법이 됩니다. 그저 교과서를 읽는 시늉만 하는 아이들에게 교과서를 멀리 보라고 말해줍니다. 의도적으로 교과서 상단과 하단에 표시된 대단원과 중단원 명을 보면서 본문을 읽으라는 뜻입니다. 농사를 지으려면 밭에 돌을 골라내고, 종종 거름도 줘야 한다는 것을 모르는 아이들도 있습니다.

공부량에 비해 기대에 못 미치는 성적

공부하려는데 교과서 읽기부터 막힙니다. 어휘력이 부족해서 찾아보고, 문해력이 부족해서 읽었으나 내용을 파악하지 못합니다. 이런 상황에서는 성적을 높여야겠다는 절박함에 더 아등바등 공부합니다. 그런데 도통 공부에 속도가 붙지 않습니다. 공부하는 내내 부족한 어휘력과 문해력이 발목을 잡습니다. 겨우 참고 꾸역꾸역 공부를 해보지만 역시 성적은 기대에 미치지 못합니다. 이 같은 과정을 두어 번 반복하다 보면 지칩니다. '나는 해도 안 되는가 보다'하는 무기력감에 빠집니다. 공부 못하고 싶은 아이는 없습니다. 기왕이면 좋은 대학, 남들이 알아주는 대학에 가고 싶습니다. 뒤늦게 목표를 잡고 공부해보려고 노력하는데 어휘력과 문해력이 문제입니다.

물론 노력하면 더디지만 분명 성장합니다. 그런데 확실히 더딥니다. 게다가 고등학교 때는 나 말고 다른 아이들도 모두 공부합니다. 누군가는 탄탄한 어휘력과 문해력을 바탕으로 공부하는 만큼 이해하고 만족할 만한 성적을 얻고 있는 것이 문제입니다.

어휘력과 문해력이 탄탄한 아이로 성장해야 합니다. 초등 시기부터 신경 써야 합니다. 가장 좋은 방법은 꾸준하고 자발적인 독서입니다. 읽어야 어휘가 늘고, 읽다 보면 문해력이 향상됩니다. 교과서를 읽으면 이해가 되고, 내포하고 있는 뜻을 파악할 수 있는 아이와 교과서를 읽으면서 단어 하나하나를 찾아보고, 전체를 읽었으나 핵심이 뭔지 이해하지 못하는 아이. 어떤 아이가 되어야 할까요? 어휘력과 문해력이 필요한 이유가 바로 이 지점입니다. 즐겁게, 꾸준히, 자발적으로 읽게 도와주세요. 그러면 아이들이 고등학교 공부를 훨씬 수월하게 해낼 겁니다.

독서 습관이 학교 수업을 편안하게 만드는 이유

초등의 경우 대부분 학교에서 9시 10분 정규 수업 시작 전에 아침 독서를 합니다. 1교시 시작까지 이어서 집중 독서를 하는 경우도 있습니다. 독서 습관이 형성된 아이들에게 이 시간은 즐겁고 편안한 시간입니다. 재미있는 책 읽으며 기분 좋게 하루를 시작합니다. 독서 습관이 잡힌 저희 남매는 아침 독서 시간에 어려움을 겪지 않습니다. 이 시간에 책을 읽기 위해 잠들기 전 읽던 책을 가방에 넣고 자는 것이 일상입니다. 덕분에 담임선생님께서 학부모 상담 때 아침 독서 시간 아이들 모습을 이야기 해주십니다. 특히 큰 아이는 평소 활동력이 큰 편인데도 아침 독서 시간에 집중하는 모습이 퍽 인상적이셨던 모양입니다. 또래보다 글밥이 많은 책을 재미있게 읽어내는 모습이 친구들에게도 자극을 준다는 칭찬의 말씀을 많이 해주십니다. 이런 말씀을 아이에게 선해주면 어깨가 한껏 올라삽니다. 칭찬에 화답하고자 아침 독서를 더 열심히 하는 선순환 고리가 연결됩니다.

주간학습안내 예시

❖ 주간학습안내 ❖

매일 읽을 책 1~2권 들고 다니기 　　　　　　OO초등학교 3학년

	월(1일)	화(2일)	수(3일)	목(4일)	금(5일)
아침 활동	아침밥 & 아침 독서	주제 글쓰기 제출	독서 감상문 제출	스포츠 클럽 (줄넘기)	아침밥 & 독서
1교시	국어	수학	수학	자율	국어
	국어 5단원 수행평가	(N)×(N)을 알아볼까요?(3)	(N)×(N)을 알아볼까요?(4)	합동 소방훈련 1인 1역(2분기) 정하기	국어사전에 대해 안다(2/2)
	-	76-77(52-53)쪽	78-79(54-55)쪽	-	186-191쪽

　독서 습관이 잡힌 아이는 교과서 읽기도 수월합니다. 교과서도 결국에는 책입니다. 그것도 글밥이 많고 어려운 용어를 잔뜩 담긴 재미없는 책입니다. 독서 습관이 잡힌 아이들은 교과서는 지루하고 애써 읽어내야 합니다. 하지만 꾸준히 책읽으면서 기르는 엉덩이 힘, 어휘력과 문해력을 발휘해 교과서를 잘 읽을 수 있습니다. 반면, 독서 습관이 없는 아이들은 본격적인 교과서 학습이 시작되는 초등 3학년 이후 교과 공부 자체가 어렵습니다. 교과서를 차분히 읽어낼 끈기가 없

고, 어려운 어휘를 읽어내기 힘들어서 그림과 그래프 등의 자료 위주로 대충 훑어보게 됩니다.

이 잘못된 습관이 굳어지면 중학교 이후 정기 고사 시험에서 불리하게 작용할 수 있습니다. 물론 독서 습관이 없어도 학습 습관을 잡아주는 초기에 교과서를 차분하게 정독하고, 꼼꼼하게 모르는 것을 학습하는 완전학습 습관을 들이면 독서 습관 없이도 높은 성취도를 보일 수 있습니다. 하지만 독서 습관이 있는 아이들은 굳이 따로 신경 쓰지 않아도 자연스럽게 해내는 부분입니다. 당장 내신 시험 보듯 달달 외우는 교과서 읽기를 말하는 게 아닙니다. 한글이니깐 그저 읽어나가는 것을 이해했다고 생각하지 않고, 아는 것과 모르는 것을 구분하며 읽어야 합니다. 독서 습관이 있는 아이들은 재미없는 글을 읽으면서 집중력을 유지할 수 있지만 평소 연습이 부족한 아이들은 교과서를 읽으며 공부할 때 집중력을 유지하기 어렵습니다.

독서 없이 어휘력과 문해력을 높이는 대화

어휘력과 문해력 향상을 얻는 가장 효과적인 방법은 독서입니다. 무엇이든 기본을 뛰어넘는 비법이란 없습니다. 하지만 보조적 방법은 존재합니다.

어휘력을 높여주는 일상 대화

다양한 어휘력 교재가 있습니다. 하지만 어휘력마저 학습의 한 가지가 되면 아이들 하루 종일 공부만 해야 합니다. 평소 일상 대화 중 아이가 사용하는 말을 적절한 단어로, 또는 새로운 단어로 바꿔 말해주세요.

아이 : 엄마. 내일은 태극기를 다는 날이야

엄마 : 그렇구나, 그럼 내일 태극기 '게양'하자. •⋯⋯⋯⋯⋯⋯

아이 : 응, 내일 태극기 '게양'하는 날이야.

> 자연스럽게 대화를 이어가면서 아이의 표현을 적절한 단어로, 또는 같은 뜻이지만 새로운 단어로 바꿔 말해주세요. 대화만으로 어휘력이 넓어질 수 있습니다.

아이의 표현을 지적하시면 안 됩니다. '태극기 다는 걸 게양이라고 하는 거야'라고 가르칠 필요도 없습니다. 그저 아이의 말을 대답하며 자연스럽게 대화를 하시되 아이가 사용한 말을 적절한 단어로 바꿔주기만 하시면 됩니다. 그럼 아이는 곧바로 부모가 사용한 단어의 뜻을 알아듣고 본인이 사용하게 됩니다. 또는 뜻을 모르면 질문을 통해 새로운 단어를 이해하게 되는 겁니다. 같은 표현을 바로 습득하고 본인이 사용할 수 있게 됩니다.

어휘력을 높여주는 독서 대화

아이와 같은 책을 읽은 후 독서 대화를 많이 합니다. 독후 활동이 주로 쓰기 위주다 보니 부담되는 것이 사실입니다. 그래서 독후 대화를 추천드립니다. 독후 활동을 대화로 나누는 것입니다. 다음은 《통조림을 열지 마시오》라는 책을 읽고 딸과 나눈 대화입니다.

딸 : 엄마, 난 앞으로 통조림 안 열어볼 거야. 이상한 거 나오면 어떡
해.

엄마 : 대신 아이들을 구해냈잖아.

딸 : 그런데 공장에서 구해진 아이들 말이야. 왜 어린 아이들이 그런
공장에 있는 거야?

엄마 : 얼마 전에 《빛날 수 있을까》 그림책 읽은 적 있지. 아이들은
꼭 보호받고, 보살핌을 받아야 하지만 그렇지 못한 환경에
처한 아이들도 많아. 버려졌거나, 방치되었거나, 또는 책에
나온 것처럼 몰래 데려와서 노동 착취를 당하는 아이들이 있
는 게 사실이야. •⋯⋯⋯⋯⋯⋯⋯

책을 매개로 일상에서는 다루기 어려운 주제에 대한 대화를 할 수 있습니다.

딸 : 그럼 어떻게 해야 해? 그냥 둬?

엄마 : 도와줘야지. 우리가 할 수 있는 걸 찾아서. 법으로 못하게 하
고, 멀리 사는 친구들은 노동하지 않고 학교 갈 수 있도록 후
원할 수도 있어.

딸 : 나도 할래.

엄마 : 냉장고에 에스토니아에 사는 친구 사진 본 적 있지. 그 친구
가 학교 갈 수 있도록 후원하고 있어. 다음에는 우리 같이 선
물도 보내주자.

딸 : 그런데 후원이 뭐야?

엄마 : 아, 후원은 뒤에서 돕는다는 뜻이야. 후(後)라는 한자가 뒤 또
는 나중을 뜻하지. 후손할 때도 같은 한자를 써.

잠들기 전에 잠깐 나눈 대화인데 제법 사회 비판도 하고, 책의 내용을 제대로 파악했는지도 확인할 수 있습니다. 아이의 생각을 들여다볼 수도 있고, 질문을 통해 좀 더 자라게 할 수도 있습니다. 같은 책을 읽고 나누는 대화인 만큼 공감대를 형성해서 대화가 풍성해지는 효과가 있습니다.

모든 걸 학습으로 연결하는 건 모두가 지칩니다. 일상생활 속에서 시나브로 성장할 수 있도록 도와주세요. 아이들은 어른과는 달리 정말 스펀지처럼 흡수해 냅니다. 꾸준히 책 읽기, 즐겁게 책 읽기, 함께 책 읽기. 이거면 충분합니다.

독서 없이
국어 성적 높이는 방법

'요즘 국어는 집 팔아도 안 된다더라'는 말이 있습니다. 그만큼 국어 성적은 꾸준히 책 읽으면서 쌓아온 내공이 필요한 과목입니다. 읽기 습관을 갖추는 것에 소홀함이 없어야 합니다. 중학생도 늦지 않습니다. 재미있는 책 중심으로 읽는 습관 들여 읽는 힘을 길러야 합니다. 더불어 '청소년을 위한 OOO' 같은 시리즈들을 함께 읽으며 배경지식 쌓기를 겸해주세요. 《과학동아》 같은 청소년 대상 잡지도 좋습니다. 이런 책들은 한 꼭지 분량이 2~3쪽 내외로 짧기 때문에 하루에 1꼭지 씩 부담없이 읽을 수 있습니다.

하지만 고등학생이라면 충분한 독서 시간을 확보하는 것이 쉽지 않습니다. 국어 성적을 높이기 위해 독서를 택했다면 다른 모든 걸 놓아버리고 책만 읽어도 효과를 볼 때까지 시간이 오래 걸립니다. 차선책이 필요합니다. 1일 1개 국어 모의고사 비문학 정복하기를 통해 독서 없이 글을 읽는 힘과 이해하는 힘을 기를 수 있습니다.

◆ 자신에게 맞는 시간을 정해놓고 실전처럼 지문 읽고 문제를 풉니다

시험에서는 정해진 시간 내에 지문을 읽고 문제까지 풀어야 하기 때문에 시간의 압박이 존재합니다. 이는 읽기 힘이 단단한 경우에 가능합니다. 실전처럼 모의고사 한 개 지문읽기와 문제풀이까지 시간 내에 풀어봅니다. 한 지문당 8분 이내가 적당하지만 읽기 힘이 약한 경우 10분도 쉽지 않습니다. 시간은 무리해서 줄이지 말고 서서히 줄입니다. 지문의 수(2) × 내가 정한 시간(10분) = 총 읽고 문제 푸는 시간(20분)으로 정하고 시간 감각을 익히며 문제를 풉니다. 대부분 학생들은 이후 정답을 채점하고 해설을 읽어보고 끝냅니다. 하지만 그 다음이 중요합니다.

◆ 채점 후 공들여 다시 지문을 읽습니다

이해하기 어려웠던 지문 한 개를 잡고 시간에 쫓기지 말고 공들여 지문을 천천히 다시 읽으세요. 이해가 안 되면 소리내어 말하는 것도 도움이 됩니다. 모르는 단어가 있으면 찾아보고, 이해가 안 되는 문장은 여러 번 반복해서 읽어내며 글의 구조를 파악해 봅니다. 핵심 문장을 찾아내고 그것들을 모아 글 전체의 요점을 파악해 봅니다. 해설을 참고하는 것이 도움이 될 겁니다. 해설이 한글이니 읽힙니다. 읽고 넘어가는 건 공부기 안 됩니다. 해설에서 글의 구조를 파악하는데 어떤 방법을 이용하는지 알아내겠다는 의도를 품고 읽어야 합니다. 이런 노력 후 다시 처음부터 다시 글을 다시 읽어봅니다. 모르는 단어가 없으니 문장 단위로 충분히 이해됩니다. 핵심 문장을 파악해뒀기 때문에 뒷받침하는 근거와 설명하는 문장을 구분할 수 있습니다. 멈추지 않고 읽고 있지만 전체적인 글의 구조와 글쓴이가 하고자 하는 핵심이 보이면서 글을 읽는 게 어떤 건지 알게 될 겁니다. 이렇게 서서히 글 읽는 수준이 높아진 겁니다.

✦ 지문에서 말하는 핵심 개념을 파고들어 배경지식으로 만드세요

지문마다 중요한 개념이 하나씩 등장합니다. 양자역학 같은 과학 개념이 등장하기도 하고, 채권 채무와 같은 경제 개념도 나옵니다. 명확성 원칙, 재량 행위 등과 같은 법 용어도 등장하고, 무위란 무엇인가 철학도 나옵니다. 이같은 비문학 제재가 무한한 것이 아니라 비슷한 것이 반복됩니다. 그러니 지문으로 접한 제재를 제대로 익혀두고 가면 두고두고 써먹는 배경지식이 됩니다. 유튜브 개념 정리 영상을 참고하세요. 제대로 집중해서 들어보세요. 이미 지문을 정독한 상태이기 때문에 쉽게 이해할 수 있습니다. 반대로 개념 정리 영상을 본 후 지문을 읽으면 글쓴이의 의도와 글의 구조가 더 명확하게 보일 겁니다.

1년 중 정기고사가 4번. 내신 시험에 집중하는 시기를 한 달로 잡고, 수행평가 준비로 분주한 기간을 연평균 한 달이라고 잡아보겠습니다. 그럼 1년 12달 중 5달을 제외한 7달 동안 매일 1편씩 국어 지문 정독하면 약 200개의 배경지식이 쌓입니다. 이는 국어 지문을 넘어 논술에서도 유리한 든든한 자산이 되어 줍니다.

◆ EBS 활용해 내신 국어 시험 대비하기

고등학교 1학년 국어 내신에는 문법이 많이 등장합니다. 중학교 과정에 학습결손이 있는 경우 시작부터 애를 먹습니다. 그래서 중학교 과정에 학습결손이 없도록 단단하게 공부하는 것이 가장 좋습니다. 하지만 이미 고등학교에 진학한 상태라도 개념 정리가 잘되어 있는 EBS 수업을 활용해 봅니다. 지필고사 준비 기간이 아닐 때, 학교 진도가 나가지 않아서 상대적으로 시간 여유가 있는 시기 활용하시면 됩니다. 여러 강의가 있으나 제가 학생들에게 가장 많이 추천하고 좋았다고 피드백 받는 강의가 EBSi 윤혜정 선생님의 〈개념의 나비효과〉입니다. 강의가 30분 내외라서 부담없이 들을 수 있고 기초부터 탄탄한 실력 쌓기까지 강좌가 이어지니 활용하기 좋습니다.

공부 방법에 정답은 없습니다. 어떤 과목이든, 무엇을 공부하든, 어떤 방법이든 내게 맞는 것을 사용하면 됩니다. 중요한 것은 할 때는 제대로, 똑바로 해야 한다는 점입니다. 공부할 때 완전학습을 해야 합니다. 매번 어설프게 이해하고, 부족한 것을 알면서 대충해서 넘기면 결국 다시 공부해야 힙니다.

논·서술형 수행평가가
쉬워지는 글쓰기 방법

2022 개정교육과정에서 서·논술형 평가 비중을(현재까지는 전체 평가의 최소 35% 서·논술형으로 진행) 현재보다 늘리겠다고 발표했습니다. 저는 현직에서 수행평가, 독서기록장 등으로 학생들의 다양한 글을 평가하고 있습니다. 그런데 교사 입장에서 나날이 고달픕니다. 읽는 것 자체가 버거울 만큼 글쓰기가 엉망이기 때문입니다. 학교에서의 평가가 아니더라도 글쓰기는 평생 필요한 역량입니다. 대학 리포트, 학위 논문, 취업 시 필요한 이력서, 자기소개서, 기업에서의 프레젠테이션과 보고서 까지 모두 글쓰기입니다. 뿐만 아니라 부담없지만 SNS에 올리는 짧은 문구들도 글쓰기입니다. 글쓰기 역량을 한번 키워놓으면 평생 써먹을 수 있습니다.

논·서술형 평가 대비, 글 잘 쓰는 아이가 되는 5가지 방법

◆ 자신의 철학, 신념을 가진 아이로 자라야 한다

논술은 주어진 주제에 대한 자신의 의견을 논리적으로 서술하는 것을 말합니다. 이를테면 이런 문제들입니다. '인간과 자연의 공존을 위해 우리는 어떤 노력을 기울여야 할까?', '시장 경제를 살아가는 우리의 바람직한 소비자의 역할은 무엇인지 윤리적 소비와 관련하여 자신의 의견을 피력하시오'와 같습니다. 논제를 파악하기 위해 기본적인 교과 수준의 학습 내용 파악이 중요합니다. 그 위에 자신의 생각을 펼치는 됩니다. 문제는 아이들 자신만의 철학, 중요하게 생각하는 가치, 좋아하는 것, 무엇이 옳고 그름이란 무엇인가에 대해 고민해 본 적이 없다는 점입니다. 부모의 보호 아래 스스로 판단하고 경험해보는 기회가 적었습니다. 추구하는 삶의 방향을 고민해 본 적이 없습니다. 논술 제재에 대한 내 입장을 정하고 싶지만 나만의 철학이 부재한 상황에서 갈팡질팡하기 일쑤입니다. 내 생각을 쓰기보다 보편적인 누군가의 생각을 옮겨 담게 되고 글은 남의 생각을 짜깁기가 됩니다.

세상을 경험하고, 나 자신은 누구인지 치열하게 고민하고, 다양한 가치관과 이념에 대해 생각해 볼 시간을 우리는 아이들에게 제공해야 합니다. 뉴스를 보고 사회 문제에 대해 고민을 나눠보세요. 그러기 위해서는 문제집을 많이 푸는 공부 시간을 줄여주세요. 자녀의 하루를 공부로만 채우지 말고, 잠시라도 멍때릴 시간을 주시고 탐색할 시간을 주시면 좋겠습니다. 그래야 내 생각, 내 철학, 내 가치관을 가진 아이로 자랍니다.

◆ 질문이 있는 사람이어야 한다

자녀가 영유아기에 '왜?'라고 질문하면 친절하게 대답해 주었습니다. 그러던 것이 아이들이 학령기에 접어들기 시작하면 '넌 몰라도 돼', '그런 거 신경 쓰지 말고 공부나 해'라고 아이들이 생각을 일축합니다. 순수한 호기심과 세상에 대한 궁금증을 무참히 밟는 행동입니다. 호기심을 갖고 질문할 때 꼭 정답을 말해줘야 하는 건 아닙니다. 같이 찾아보고, 생각을 나누는 대화를 하고, 더 고민할 시간을 주는 것으로 충분합니다. 질문을 할 줄 알고 세상을 탐구하는 아이는 자신만의 철학과 가치관을 갖춘 아이로 자랄 겁니다

생각 주머니를 키우기 위해서는 질문하는 사람이어야 합니다. AI가 시도 써주고, 동영상도 만들어주고, 그림도 그려주는 세상입니다. 하지만 AI를 통해 원하는 결과를 얻어내기 위해서는 적절한 조건을 넣어주고 어떤 질문을 하느냐가 중요합니다. 아이들이 편하게 '왜?'를 외치며 비판적 사고를 키울 수 있도록 해야 합니다. 국어사전을 찾아보면 비판이란 잘못된 점을 지적하는 의미도 있지만, 사물을 분석하여 각각의 의미와 가치를 인정하고, 전체 의미와의 관계를 분명히 하며, '그 존재의 논리적 기초를 밝히는 일'이라고 설명합니다. 즉, 비판적 사고는 반대를 위해 NO를 외치는 것이 아니라 왜 그러한지 알

기 위해 질문하는 과정입니다.

✦ 일상생활을 넘어 깊이 있는 대화를 나누자

TV를 잘 활용하면 아이들과 세상 이야기를 하는 창구가 되어 줍니다. 저는 유튜브를 TV 화면으로 보여줍니다. 일요일 아침에는 KBS 1TV 〈세계는 지금〉을 틀어놓습니다. tvN 〈벌거벗은 세계사〉와 〈벌거벗은 한국사〉, mbc 〈선을 넘는 녀석들〉, MBN 〈신들의 사생활〉도 자주 보는 프로그램입니다. 현재 진행 중인 전쟁에 대한 꼭지를 보며 문제의식이 자랍니다. 역사 다큐멘터리를 보다가 '너라면 저 상황에 어떤 선택을 했을 것 같아?'하고 질문을 던질 수 있습니다. 질문은 각잡지 말고 덤덤하게 툭, 던지시면 됩니다. 모든 질문에 대화가 이어지지 않더라도 던지는 질문 중 열 개 중 서너 개만 대화가 오가도 대단히 성공적입니다. 가르치려는 생각, 부모의 생각이 더 옳다는 태도, 아이의 생각을 고치려는 의도는 품지 마세요. 질문를 통해 → 사안에 대해 생각하고, 대답하면서 → 생각이 자라는 것으로 충분합니다.

아이들과 자주 영화도 봅니다. 원작이 있는 책을 먼저 읽고 함께 영화를 보는 편입니다. 같은 책을 읽고 함께 영화를 보는 과정에서는 자연스럽게 다양한 주제의 대화가 오갑니다. 영화 속 갈등, 주인공의 심리 등에 대해 편하게 이야기하며 나만의 생각을 견고히 할 수 있습니다.

✦ 논리와 근거를 갖춘 생각을 하도록 연습하자

글을 작성하면 읽는 사람이 생깁니다. 설득하든, 내 의견을 주장하든, 문학 작품으로 감동을 주든 모든 글에는 읽는 사람이 납득할 논리적 구조와 근거가 있어야 가능합니다. 평소 아이들이 자신의 생각을 말할 때 억지스럽게 자기주장만 내세우지 않고 설득력 있는 말하기를 하도록 도와주세요.

말꼬리 잡고 늘어지는 말싸움 같은 대화는 좋지 않습니다. 타당한 근거를 내세워 자신의 의견을 말하도록 해주시고, 자녀의 말을 꼭 경청하셔야 합니다. 자녀를 나보다 어린 아이라는 생각을 배제하고 하나의 독립된 사람으로 생각하시면 경청이 쉬워집니다. 적절한 사례를 들어 말하게 하세요. 왜 그러해야 하는지 근거를 들어 말하는 연습을 시켜주세요. 그리고 그것이 타당하다면 자녀 말대로 결정하셔야 합니다. 논리와 근거를 들어 말해서 어른을 설득해 본 경험을 통해 아이들은 설득력있는 말하기의 힘을 배웁니다.

✦ 많이 써야 한다

저희집에는 연필잡고 글쓰기에 알러지가 있는 아들이 삽니다. 저학년부터 여러 번 글쓰기 교육을 시도하다가 매번 아이의 거부로 포기했습니다. 그러다 초등 5학년부터 이은경 선생님의 《초등 매일 글쓰기의 힘》 중에서 논술 쓰기를 활용했는데 의외로 재미있어 해서 놀랐답니다. 알고 보니 책에 논술쓰기의 기본적인 형식이 모두 제공되어 있어서 안내대로 글을 쓰면 되니 글쓰기에 막막함을 없애줘서 가능했던 일입니다. '일기 써라, 독후감을 써라' 라는 말이 얼마나 막연했는지, 아이를 막막하게 했을지 그제야 반성했습니다.

아이들, 글쓰기 참 싫어합니다. 어려워서 그런 겁니다. 저와 같은 실수하지 마시고 글쓰기 방법을 친절하게 설명해주세요. 그리고 아이 쓴 글에 대해 지적 하지 마세요. 즐겁게 꾸준히 쓸 수 있도록 격려와 칭찬이 필요합니다. 지금 글을 써서 공모전에 낼 것도 아니고, 당장 시험 결과로 남는 것도 아닌데 화낼 이유가 없습니다. 연습으로 쓰는 글이니 오랫동안 글쓰기를 지속할 수 있도록 힘을 실어주는 게 맞습니다. 격려와 칭찬을 해주세요.

글쓰기는 해야 늡니다. 초등 저학년은 일기 쓰기로 시작하고 재미있는 주제 글쓰기를 섞어주세요. 글쓰기 교재를 활용해서 일주일에 두세 개 써보는 것이 좋습니다. 학교에서 정기적인 숙제로 글쓰기를 내주신다면 굳이 집에서까지 시키지 않으셔도 됩니다. 고학년이 되면 본격적으로 논술 쓰기 연습을 해야 중학교 내신 수행평가에 대비할 수 있습니다. 앞서 말씀드린대로 문제의식, 나만의 철학, 중요하게 생각하는 가치 등을 고민할 줄 아는 상태에서 그것을 글쓰기로 옮기는 능력을 키워야 합니다.

쓰는 것과 더불어 많이 읽는 것은 기본값입니다. 많이 읽어본 아이들은 글의 도입은 어떻게 해야 이목을 집중시키는지, 어느 정도 문장 길이가 적절한지, 상황에 맞는 단어는 어떤 것인지 배우지 않고도 알고 있습니다. 많이 읽어야 좋은 글을 쓸 수 있습니다.

혹시 부모님께서 생활 속에서 글쓰기를 꾸준히 하고 계신 분이 계신가요? 아이에게만 글을 써야 한다고 강요하시면서 본을 보이신 적은 없으실 겁니다. 아이가 논술을 쓸 때 같은 제재로 부모님도 작성해보세요. 아이에게만 일기를 쓰라고 말씀하지 마시고 나란히 같이 앉아 써보세요. 막상 써보면 어떤 내용을 써야할지, 어떻게 표현해야 할지 고민이 됩니다. 글쓰기는 머릿속에 생각을 글로 써내려가는 것이라 간단히 생각할 수 있지만 사실은 그것을 해내기까지 상당한 수고와 고민, 복잡한 사고 과정을 거치게 됩니다. 글쓰기에 어려움을 겪는 아이들 심정을 곧바로 이해하실 수 있을 겁니다. 더불어 아이도 부모가 함께 쓰고 있으니 하기 싫다는 표현이 줄어듭니다.

스스로 책 읽는 아이로
성장하게 하는 방법

아이가 원할 때는 읽어주기

여전히 읽어주고 있습니다. 딸아이는 7살부터 스스로 읽기가 원활했던 아이입니다. 현재는 초등 3학년입니다. 혼자 읽고 곧바로 내용을 이해하는 과정까지 원활하지만 시간 되는 대로 읽어주려고 노력합니다. J.K.롤링의《크리스마스 피그》를 읽어줄 때 아이는 편하게 엄마의 목소리에 귀 기울이며 들었던 이야기를 그림으로 그렸습니다. 읽는 수고로움을 덜어낸 대신 글을 그림으로 상상할 수 있었습니다. 책에 대한 흥미를 더 높여가게 됩니다.

《크리스마스 피그》를 들으면서 딸아이가 장면을 상상하며 그린 그림

읽어주기의 힘은 강력합니다. 단순히 책을 귀로 듣는 것을 넘어 아이와 나란히 앉아 서로의 체온을 나누고 생각을 공유하는 시간이 됩니다. 독서 습관을 잡아주려는 의무감 말고 행복한 추억을 나눈다 생각하며 읽어주시면 훨씬 행복해집니다.

함께 읽기에는 힘이 있습니다

스스로 읽기가 잘 되는 아이가 되면 그때부터는 함께 읽기가 필요합니다. 아이와 같은 책을 읽어보세요. 초등용 동화부터 청소년 소설을 읽어보면 기대 이상 재밌습니다. 성인용 책보다 쉽게 읽히고 상대적으로 글밥도 적어서 책 읽는 부모 모습을 보여주기에도 좋습니다.

정말 재미나게 읽고 내 진심 어린 감상과 함께 책을 추천하면 자녀도 기부감없이 책을 빌려 읽습니다. 반대로 아이가 먼저 읽고 추천해주는 책을 함께 읽을수도 있습니다. 함께 읽기를 통해 공통 분모가 생겼기 때문에 대화가 풍성해집니다. 굳이 독후감을 쓰게 하지 않고 독후 대화를 통해 사고력을 확장 시킬 수 있습니다. 가족이 함께 읽는 가족 문화를 통해 스스로 읽는 아이로 자라게 합니다.

3부

습관을 넘어
실력이 되는
자기주도학습법

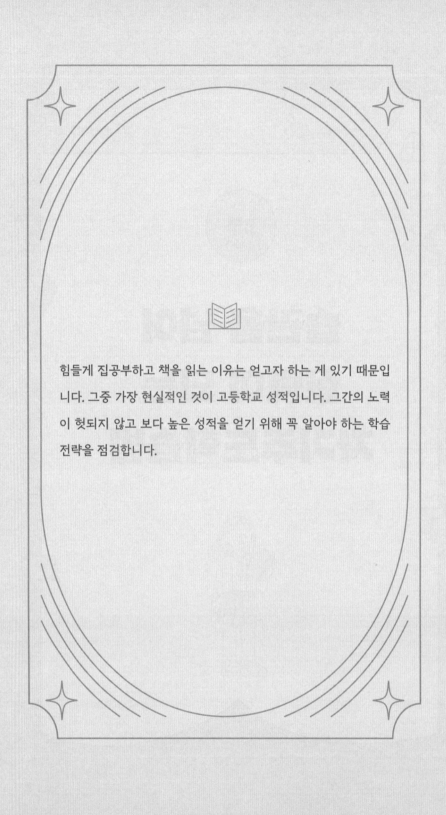

힘들게 집공부하고 책을 읽는 이유는 얻고자 하는 게 있기 때문입니다. 그중 가장 현실적인 것이 고등학교 성적입니다. 그간의 노력이 헛되지 않고 보다 높은 성적을 얻기 위해 꼭 알아야 하는 학습 전략을 점검합니다.

내신 등급
9등급 → 5등급으로 변화

2025년 3월에 고등학교에 입학하는 신입생부터 내신 등급 산출 기준이 바뀝니다. 기존 9등급제가 완화되어 5등급제 적용을 받게 됩니다. (이전 2023년에 입학한 2025학년도 고3, 2024년에 입학한 2025학년도 고2는 졸업까지 기존대로 9등급제가 유지됩니다) 9등급제에서는 상위 4%까지 인원이 1등급, 누적 11%까지가 2등급, 누적 20%가 3등급이 되도록 촘촘하게 등급이 나뉘었습니다. 그러던 것이 개편되는 5등급에서는 등급을 줄이고 각 등급에 포함되는 인원을 크게 늘렸습니다. 기존 9등급제는 1등급을 받을 수 있는 인원이 4%밖에 되지 않기 때문에 학생들에게 과도한 부담을 준다는 이유에서입니다.

1등급에 포함되는 인원이 기존 4%에서 10%로 늘어났으니 내신 부담이 줄었다는 말은 일면 맞지만 아니기도 합니다. 1등급 인원이 늘어나면서 내신 번벌력이 크게 약화되었기 때문입니다. 기존 9등급제는 1등급을 받기 어렵다는 단점이 있었지만 내신 점수가 1.0에서 9.0까지 소수점까지 나열되니 성적차를 가늠하기 유리합니다. 하지만 5등급제는 1등급이 10%까지 한데 뭉개지기 때문에 이 안에 포함된 학생들의 변별이 어렵습니다. 우수한 학생을 판별해서 선발해야 하는 대학에서는 내신 이외에 보조적 수단이 필요해집니다. 수능 최저와 같은 기준이 강화될 수 있습니다. 또한 내신이 1등급으로 뭉개진 10%의 인원 중 더 뛰어남을 증명하기 위해 생활기록부의 영향력이 커질 겁니다.

앞선 교육과정에서는 상대평가 대상이었던 과목이 등급제로 바뀌는 과목도 늘었습니다. 기존에는 절대평가 과목이었던 화학II, 물리학II, 지구과학II, 생명과학II 등의 과목이 2022 개정교육과정에서는 5등급 상대평가로 적용 받습니다. 남과 비교 없이 내 몫의 공부만 해내면 A를 받을 수 있던 과목이 다른 사람보다 잘해야 1등급을 받는 과목으로 바뀌었으니 학습 부담이 커진 것입니다. 현 고3은 절반 이상 절대평가 과목이었는데 2022 개정교육부터는 고3 과목도 대거 5등급 상대평가로 전환되었습니다. 기존 선배들은 3학년이 되면 수능 공부 비중을 늘려갈 수 있었으나 2025 신입생은 고3 마지막까지 내신 부담이 크게 작용하게 됩니다.

중학교 내신의 배신

고등학교 1학기 1차 지필고사, 즉 중간고사가 끝나고 나면 교실은 울음바다가 됩니다. 지금껏 한번도 받아본 적 없는 점수에 아이들은 망연자실입니다. 분명 중학교 때 공부 좀 한다는 소리를 들었던 아이들인데, 지금껏 학원을 쉬지 않고 다니면서 열심히 살았는데, 고등학생이 되어 더 열심히 공부했는데 도대체 어찌된 영문인지 알 수가 없습니다. 뭐가 문제였을까요?

고등학교는 중학교와 달리 학습량도 많고 어려워진다는 풍월을 들었기에 다들 긴장감을 갖고 입학합니다. 저는 교사로 지내온 내내 비평준 지역에 근무했습니다. 비평준 지역이라고 해서 따로 입학시험을 치르지는 않습니다. 다만 희망하는 학교를 한 개 지원하고 선발 인원보다 지원자가 많을 경우 내신 성적순서로 탈락시키는 방식입니다. 일명, 커트라인이 존재하기 때문에 일정 내신이 안 되면 원하는 학교에 입학이 어렵습니다. 때문에 고등학교 입학부터 경쟁이 시작됩니다. 특목고처럼 치열하지는 않지만 분명 긴장감은 존재합니다.

현재 경기도 중학교는 내신 총점이 200점, 서울은 300점 만점으로 산출됩니다. 지역마다 점수 계산 방법이 상이합니다만 아래와 같은 영역이 점수화됩니다.

서울 중학교 내신 산출 기준 (총점 300점)
교과(2학년과 3학년) 240점, 출결 24점, 행동발달 12점, 창체활동 12점, 봉사활동 12점

경기 중학교 내신 산출 기준 (총점 200점)
교과(2학년과 3학년) 150점, 출결 20점, 봉사활동 20점, 학교생활 10점

문제는 중학교마다 다른 시험을 보는데 그것을 내신점수로 환산해서 비교한다는데 있습니다. 출결, 창체활동, 봉사활동, 상점, 임원활동 등 다양한 영역이 반영되지만 결국은 교과 성적이 가장 큰 점수를 차지합니다. 중학교 교과 성적은 절대평가입니다. 누구보다 잘하거나 못했다는 것에 대한 줄세우기가 없습니다. 90점 넘으면 모두 A를 받습니다. 대체로 A 등급 받는 학생 비율이 전체 인원의 40%입니다.

이렇게 많은 인원이 A를 받는건 모두가 열심히 공부했기 때문이 아닙니다. A등급 받을 만큼 모두 높은 성취도를 보이는 건 더더욱 아닙니다. 만약 시험 문제 90점을 넘는 학생 수가 적게 되면 우리 학교에서만 A 등급 인원이 적어집니다. 이는 비평준 지역에서 고등학교 입학에 불리하게 작용합니다. 그러니 어떤 식으로든 아이들이 90점 이상을 만들어 A를 받게 해야 합니다. 시험이 쉬워질 수밖에 없습니다. 시험 잘 보라고 요약 정리된 학습지를 나눠주는 것은 물론이고 출제 부분을 찍어주기까지 합니다. 변별할 필요가 없으니 가르칠 때부터 학습 내용이 쉽고, 공부하기에도 부담이 없습니다. 쉽고 가벼운 내용을 학교에서 수업 듣고 학원 가서 또 듣고 나면 따로 시험공부하는 시간이 많지 않아도 90점 이상은 받을 수 있습니다. 100점도 A, 90점도 A입니다. 굳이 기를 쓰고 100점 맞으려고 공들여 공부하지 않습니다. 딱 90점 받을 수준으로만 공부합니다. 깊게 공부할 필요도 없습니다. 밥상을 차려주다 못해 숟가락에 반찬까지 얹어 입안에 넣어주면 씹는 수고만 들여도 됩니다. 그럼에도 성적표에 숫자를 진짜 내 실력이라 착각합니다. 점수가 허수일거라는 생각은 못 했습니다. 이건 부모님도 마찬가지입니다. 이렇게 공부하다가 고등학교에 입학해서 첫 지필고사를 치르고 나면 아이들도 부모님도 만신창이가 되는 겁니다.

중학교를 느슨하게 보냈던 아이들의 현실

- 공부가 너무 어렵다
- 시험 범위가 많다
- (국어와 영어의 경우) 정해진 시험 범위가 아닌 외부 지문이 출제되어 난감하다
- 중학교와 달리 시험 문제 난도가 너무 높다.
- 공부하는 방법을 모르겠다
- 공부하는 시간을 늘리기 힘들다
- 교과서를 읽으려고 해도 모르는 단어가 너무 많다
- 읽어도 이해가 되지 않는다
- 공부 계획 세우는 방법을 모르겠다
- 내가 세운 계획을 실천하는 것이 어렵다
- 학원 다녀오면 혼자 공부할 시간이 부족하다
- 공부를 했는데 막상 시험 보면 모르겠다

아이들과 상담하면 듣게 되는 공통된 말들입니다. 이해하기 쉽고 개조식으로 정리된 학습지, 쉽게 풀 수 있었던 쉬운 시험, 소화 시키기 좋게 잘게 쪼개서 입에 넣어주는 수업을 들으며 공부했습니다. 그런데 고등학교에 와보니 지금까지와 사뭇 다릅니다. 교과서를 봐도 모르는 단어가 많고 읽어도 이해가 안 돼 공부를 하는 것이 아니라 밑

빠진 독에 물을 붓는 기분입니다. 자기주도학습 시간을 늘려보지만 혼자 공부해 본 적이 없어서 집중력을 유지하기가 어렵습니다.

고등학교 공부는 복잡하고 정교한 엄청난 크기의 레고 조립과 같습니다. 처음부터 블록을 꼼꼼하게 쌓아야 나중에 무게를 이겨낼 수 있습니다. 설명서대로 모양과 색을 파악하고 필요한 위치에 정확하게 꽂아야 합니다. 이 거대한 레고 작품을 쌓아 올리려면 탄탄한 바닥에서 시작해야 합니다. 모래 바닥에서 제품 조립을 시작하면 중심 잡기가 힘듭니다. 힘들게 쌓아 올리고 와르르 무너지기를 반복할 겁니다. 중학교 공부가 바로 탄탄한 바닥 공사와 같습니다. 쉽고 편하게 공부하는 습관, 누군가 알려주는 것만 공부하던 태도, 100점 받는 완전학습을 하지 않고 간신히 90점만 받아도 된다는 느슨한 태도로 중학교를 보내면 고등학교에서 열심히 노력해도 기초가 부족해서 와르르 무너집니다. 바닥 공사부터 제대로 다시 하지 않으면 제자리 뛰기만 반복하다가 지쳐버립니다.

사교육 없이 해내는 아이들

고등학생 대부분이 기본 2~3곳 정도의 학원을 다닙니다. 그런데 종종 사교육에 의존하지 않고도 높은 성과를 내는 아이들이 있습니다. 어떻게 방대한 양의 고등학교 공부를 혼자 해내는 걸까요? 이 아이들은 어떤 특징이 있을까요?

습관화 된 자기주도학습

상당수 아이들이 학원을 가는 이유가 학원이라도 가야 공부를 하기 때문입니다. 학원의 타이트한 관리와 강제 숙제가 있어야 책을 펼치는 겁니다. 반면 상위권 아이들은 학원이 아니더라도 자기 스스로 관리할 줄 압니다. 간섭, 지시, 명령이 없어도 자신을 통제할 줄 아는 친구들입니다. 특히 내신 시험을 준비하지 않을 때도 매일 충분한 일정량 이상의 공부를 해냅니다. 제가 집공부 하는 이유도 자기주도학습을 해내도록 연습하는 과정입니다. 당장 성과를 기대하지 않고 매일 일정한 양의 학습을 해내는 습관을 위해 집공부를 합니다. 또한 매일 꾸준히 해내는 학습량이 차곡차곡 아이들 안에 쌓이기를 기대합니다.

바른 수업 태도

학원 없이도 높은 성과를 보이는 학생들은 수업 시간에 누구보다 집중합니다. 학원에 의존하지 않기 때문에 수업에 더욱 매진할 수밖에 없습니다. 반대로 말하면 학원에서 보충하면 된다고 생각하거나, 물론 상위권 아이들도 학원 다닙니다. 하지만 수업 시간에 집중합니다. 내신 시험을 출제하는 것이 교사라는 것을 누구보다 잘 알기 때문입니다. 상위권 친구들의 또 하나의 특징은 교사와 학교에 친화적이라는 점입니다. 긍정 마인드를 지니고 교사에게 다가오고 학교 활동에 적극 참여합니다. 교사에게 질문도 많이 합니다. 교사는 질문하는 학생이 열심히 한다고 생각되면 다음 수업에 눈길이 한 번 더 가는 것이 당연합니다. 수업 시간에 교사의 눈길이 자신에게 머무는 것을 느끼면 아이는 더 긴장하고 관심을 주면 더 수업에 열심히 하려고 참여합니다. 교사는 수업에 반짝반짝 집중하는 모습까지 보니 더 마음이 쓰입니다. 신순환입니다. 수업에 집중함으로써 본인에게 필요한 학습 요소를 모두 챙깁니다. 덕분에 학원에서 보충할 것이 학교 수업만으로 충분해집니다.

높은 메타인지

사교육 없이도 높은 성과를 보이는 학생들은 자신이 어떤 점이 부족한지 잘 압니다. 영어 문법이 부족하면 인강 들으며 보충하고, 수학에서 특정 단원 개념이 부족함을 느끼면 그 부분 학습을 늘려주는 식입니다. 아는 것과 모르는 것, 모호하게 알고 있는 것과 완전히 이해한 것을 구분하여 파악하고 있습니다. 부족한 부분, 정확하지 않은 부분은 완전학습이 될 수 있도록 제대로 공부합니다. 구멍 없이 효과적으로 공부한다는 말입니다. 메타인지가 부족한 아이들은 공부하느라 고생하는 시간은 많지만 부족한 부분, 모호하게 아는 부분을 정확하게 알지 못해 메꾸지 못합니다. 그러니 공들여 공부하고도 구멍이 생깁니다. 결과적으로 노력을 점수로 연결 시키지 못합니다.

선택적 사교육

꼭 필요한 순간에는 사교육을 직접 선택합니다. 대부분의 아이들은 수학학원, 영어학원처럼 과목 단위로 움직이지만 상위권 학생들은 필요한 부분을 확실하게 보강할 수 있는 학원을 찾습니다. 방학에는 영어 문법, 수학1 완전 정리와 같이 맞춤으로 제공되는 특강 위주로 선택하고, 학기 중에는 부족한 부분만 인강을 들어 보충하며 시간 효율을 택합니다. 일반적으로 아이들이 학원이 자신의 공부 방법과 맞지 않아도 판단없이 끌려다니는 것과는 반대입니다. 필요한 부분이 채워지면 과감하게 그만두기도 하고, 자기와 맞지 않으면 적절하게 커리큘럼을 요구할 줄도 압니다.

'할 수 있다'는 스스로의 믿음

자기 효능감이 높습니다. 나는 뭐든 할 수 있다고 생각합니다. 사실 학원에 다니지 않고 혼자 공부할 수 있는 것도 자기주도학습을 할 수 있다고 자기 자신을 믿기 때문입니다. 자기 자신을 믿는 마음은 그간 해왔던 경험과 노력이 충분한 데이터베이스가 있기 때문입니다. 꾸준히 해내는 동안 나만의 공부 방법을 터득했습니다. 성실하게 쌓아온 공부량이 있으니 기초가 탄탄합니다. 실패한 적도 있지만 결국은 극복하고 결국 해냈으니 다시 할 수 있다는 자신감이 있습니다. 믿는 구석이 있다는 말입니다. 덕분에 자신의 판단을 믿고 그것을 행동으로 옮길 수 있는 용기를 낼 수 있습니다.

내신 성적 잘 받는 법 1.
시험 기간 공부 계획 세우기

공부 계획 세우는 방법

먼저, 과목별로 공부 방법을 달리합니다.

사회나 과학 과목은 교과서와 학습지로 개념 학습을 정확하게 하고 문제집을 풀면서 아는 것과 모르는 것을 확인하는 것이 좋습니다. (135페이지 참고) 꼼꼼하게 문제집으로 파악한 메타인지를 바탕으로 교과서를 정독하며 학습을 단단하게 합니다. 완전학습이 될 수 있게 돕는 과정입니다. 사회, 과학은 흐름을 갖고 공부하는 것이 좋습니다. 매일 조금씩 분절되게 공부하기보다는 의미가 연결되는 중단원을 한꺼번에 공부하는 것이 효과적입니다. 등교 중인 평일보다는 시간 여유가 있는 주말에 중단원을 묶어서 공부하는 계획을 세웁니다.

수학은 매일 꾸준히 문제 푸는 감이 중요합니다. 총 시험 범위가 교과서 페이지로 30쪽, 문제집으로 25쪽이라면 교과서와 문제집을 총 세 번 정도 풀어내는 것이 좋습니다. 공부해야 하는 분량이 교과서 30쪽 + 문제집 25쪽 = 총 55쪽입니다. 총 세 번 반복해서 보려면 시험기간 동안 55쪽 × 3번 = 총 165쪽을 공부하면 됩니다. 이것을 시험 기간까지 남은 기간 30일로 나누면 하루 5~6쪽씩 공부해야 가능하다는 계산이 나옵니다. 시험 범위를 몇 회독 할지는 자신이 세운 계획에 맞춰 바꾸면 됩니다. 이 과정을 과목별로 모두 계산해서 내가 확보한 자습 시간에 배치해 공부합니다. 이렇게 해야 안정적으로 속도 조절을 할 수 있습니다.

국어와 영어는 언어인 만큼 매일 수업 후 복습이 중요함을 잊지 마세요. 시험 범위 영어 단어와 중요 문장은 매일 자투리 시간을 활용해 반복해서 외웁니다. 두 과목 모두 공부해야 할 지문이 존재합니다. 각 지문을 몇 회독할지 정해서 수학 공부 방법처럼 공부 분량을 확인합니다. 다만 수학처럼 정해진 분량씩 공부하면 지문 읽기의 흐름이 깨질 수 있습니다. 공부 분량을 확인하는 것은 내가 정한 N회독을 달성하기 위한 최소 목표로만 사용하면 됩니다.

수업 시작하고 5분, 끝나고 5분을 잡아라

내신 시험은 엉덩이 싸움입니다. 누가 더 오래 앉아서, 더 많은 양의 학습을, 완전히 내 것으로 만들어내느냐 하는 것이 내신 공부입니다. 하지만 학교 수업 후 학원까지 다녀오면 나만의 공부하는 시간을 확보하는 것이 힘이 듭니다. 그래서 자투리 시간 활용이 중요합니다. 그중 놓치면 안 되는 시간이 수업 시간 시작 5분과 수업이 끝난 후 5분입니다.

시작 5분. 선생님이 종이 치고 교실에 들어오면 책 펴고, 출석 확인하고, 지난 시간 진도를 체크하고, 수업을 여는 인사를 나누면 5분이 지나갑니다. 이 시간을 흘려버리지 말고 알뜰하게 챙겨야 합니다. 우선 종치면 바로 자리에 앉습니다. 그리고 지난 시간 학습한 내용을 살펴봅니다. 선생님이 강조하셨던 부분, 중요한 개념 단어 등을 다시 한번 더 확인하고 오늘 공부와 연결하는 시간으로 활용하면 좋습니다.

종료령까지 빈틈없이 수업을 하지는 않습니다. 1~2분 정도 일찍 끝나게 되고, 또는 수업 흐름상 다음 시간과 잇기 위해 5분 정도 여유 있게 끝내주시기도 합니다. 그 시간을 놓치지 않아야 합니다. 보통은 교사가 마무리하는 말을 하는 듯하면 책을 먼저 덮어버리는 경우도 있습니다. 수업이 끝난 후에 책을 바로 덮지 말고 수업 시간에 배운 것들을 바로 다시 살펴봅니다. 중요하게 강조했던 부분을 중심으로 전체 개요와 함께 헷갈렸던 개념도 다시 차분하게 교과서를 읽어서 정확하게 이해해야 합니다. 이렇게 수업 끝나고 5분만 투자한다면 훨씬 오래도록 선명하게 기억될 겁니다.

문제집 100% 활용하는 공부 방법

대부분 아이들은 문제집을 잘못 활용하고 있습니다. 단순히 문제를 풀고 채점하면 공부가 되었다고 생각하지만, 아닙니다. 문제집은 공부할 때 처음부터 아는 것과 모르는 것, 정확하게 아는 것과 헷갈리고 있는 부분을 가려내겠다는 의도를 갖고 해야 합니다. 맞고 틀리고는 중요하지 않습니다. 보기를 읽으면서 왜 오답인지 설명할 수 없었던 부분, 해석이 안 되는 그래프, 찍어서 맞춘 문제 등을 문제푸는 동안 모두 표시하면서 공부해야 합니다. 문제집을 푸는 건 점검 과정입니다. 정답을 채점한 후 해설을 볼 때 미리 표시해 둔 부분을 중심으로 공부하면서 완전학습이 되도록 합니다.

문제집 수준도 제대로 골라야 합니다. 쉬운 문제집을 풀어놓고 안심했다가 실전에서는 어려운 문제로 당황하는 경우가 많습니다. 대체로 고등학교는 문제 유형이 수능형이라 문제집이 내신대비보다는 수능형, 모의고사 모음 같은 것을 선택해야 합니다. 다만 이건 학교마다 사정이 다르니 고르기 어려우면 교과 선생님 추천을 받아보는 것도 좋은 방법이 됩니다.

공부 행동만 하지 말고 완전학습 하기

학교에서 수업 듣고, 학원 가서 공부하고, 집에서 책상에 앉아 있던 시간을 공부했다고 착각합니다. 하지만 완전학습이 됐는지 확인해야 합니다. 어쩌면 공부하는 행동만 했을 수 있습니다. 학교와 학원에서의 수업은 수동적인 시간이었기에 들은 것을 내 것으로 만드는 시간이 반드시 필요합니다. 혼자 공부하는 시간을 가졌더라도 완전학습 하기는 어렵습니다. 교과서를 공부할 때 가볍게 읽기만 하는 것이 아니라 내가 모르는 게 무엇인지, 정확하게 아는 것과 헷갈리는 것은 무엇인지 구분하는 메타인지를 최대한 발휘해야 합니다. 정확하게 이해한 것이 맞는지 확인하는 것이 어렵다면 소리내어 말로 설명해보세요. 머릿속으로 뭉개지듯 어설프게 하면 명확하지 않습니다. 소리내서 설명하다 보면 막히는 부분이 생기고, 그 부분이 모르는 부분입니다. 이렇게 스스로 점검하며 공부해야 완전학습이 가능합니다.

수행평가 준비 방법

수행평가는 과목마다 필요한 역량, 요소, 평가 방법이 모두 다르기 때문에 큰 틀만 이해할 수 있도록 말씀드리겠습니다. 수행평가 점수는 환산 없이 학기말 성적에 포함되기 때문에 소소한 감점이 크게 작용될 수 있습니다. 수업 시간에 교사로부터 전달되는 유의사항을 꼼꼼하게 확인하고 반드시 메모해야 합니다. 수행평가가 한 번에 몰리는 기간이 생길 수 있습니다. 계획을 세워 미리 할 수 있는 부분을 준비하는 것이 좋습니다. 또한 적절히 체력을 분배하는 것도 중요합니다. 간혹 수행평가 준비를 하느라 밤새는 경우를 봅니다. 열심히 하고자 노력하는 마음은 기특 하지만 막상 하루 컨디션을 망치게 되면 그 여파가 며칠간 이어집니다. 수업 시간에 집중하지 못하고 컨디션이 엉망이 됩니다. 어느 것 하나 소홀할 수 없어서 열심히 하다 보니 생기는 일이지만 간혹 자기가 재미있는 수행평가, 또는 지필 준비보다 쉬워서 필요 이상 힘을 쏟는 경우가 생깁니다. 미리 할 수 있는 부분은 자투리 시간을 활용해서 준비하고, 현명하게 완급 조절을 하며 수행과 지필고사 준비를 병행해야 합니다.

공부 계획 세우기 요약정리

1. 암기 과목은 한 달 정도 여유 있게, N 회독 학습계획을 세웁니다.

2. 국·영·수 같은 과목은 매일 짧게 복습하는 습관을 들여야 합니다. 수업 시작하고 5분, 끝나고 5분 활용을 기억하세요.

3. 문제집을 푸는 건 점검의 과정입니다. 수준에 맞는 문제집도 필요합니다. 수능형, 모의고사형 문제집을 추천합니다.

4. 공부하는 행동을 학습했다고 착각하면 안 됩니다. 말로 설명이 가능할 정도로 공부하는 겁니다. 공부하는 것과 공부하는 행동을 하는 것은 다릅니다.

5. 수행평가마다 진행 방법, 평가 요소 등이 달라요. 꼼꼼하게 확인하세요. 완급 조절이 중요합니다.

내신 성적 잘 받는 법 2.
서술형 대비 공부 방법

아는 것과 모르는 것 구분하기

지필고사에 포함된 논·서술형 문제는 채점 후 개별 학습자와 1 대 1
로 확인하고 피드백하는 과정을 거칩니다. 어떤 부분이 감점되었는
지, 앞으로 어떻게 쓰는 게 좋은지 모두 이때 알려줍니다. 이 과정에
서 아이들이 가장 많이 듣는 말이 '공부를 했는데 못 썼어요', '뭘 쓰라
는 건지 모르겠어요', '엉뚱한 걸 썼어요', '생각이 안 났어요'입니다.
공부를 했는데 손도 대지 못한 이유는 무엇일까요?

공부량이 충분했는지, 완전학습이 될 때까지 했는지, 공부하는 행
동만 한 건 아닌지 점검해야 합니다. 한글로 써있는 교과서를 읽었다

고 해서 이해한 것으로 착각하면 안 됩니다. 이미 아는 것과 모르는 것을 구분해가며 구멍 없이 공부해야 한다는 의도를 갖고 공부해야 합니다.

말처럼 내뱉을 수 있는 출력 학습

서술형 문제는 출력하는 공부 방법을 통해 대비할 수 있습니다. 필기를 출력이라고 여기는 경우가 있는데 이는 교과서와 교재를 옆에 두고 내 노트에 따로 정리하는 것이니 엄밀히 보고 베끼는 것과 같습니다. 물론 이해를 바탕으로 구조화 시키는 것은 의미가 있지만 완전히 출력하는 공부라고 하기 어렵습니다. 학습을 통해 입력한 것을 보지 않고 말하거나 쓸 수 있어야 합니다. 중요한 개념, 복잡한 실험 과정, 역사의 흐름, 단원별 주요 내용 정리, 수학 공식의 증명 등을 말로 또는 쓸 수 있어야 제대로 공부한 것이 맞습니다.

말하려고 떠올리는 과정 자체로 출력하는 연습의 일환입니다. 우리는 일상생활 중에도 종종 설단 현상을 겪습니다. 이미 하는 것이고 머릿속으로는 이해가 된 거 같은데 혀끝에서 맴돌기만 할 뿐 정확한 단어로 표현이 안 될 때가 있습니다. 시험도 비슷합니다. 알 것 같은데 정확한 단어를 모르겠고 뭐라고 써야 할지 망설이다가 시간이 끝나버립니다. 학습한 내용을 말해보는 출력 과정을 꼭 해내세요.

무엇을 말하고, 써야 할까요?

✦ 제시문, 그래프, 삽화의 제목과 주제 말하고 써보기

교과서와 학습지에 다양한 제시문과 그래프, 삽화가 있습니다. 각각의 제목을 붙어봅니다. 또는 과학실험 과정에서 각 삽화를 설명하는 내용, 유의사항 등을 가리고 직접 적어봅니다. 그래프와 삽화의 경우 제목이 주제 또는 핵심 내용인 경우가 많습니다. 그리고 덧붙여 쓰인 설명이 주요 개념을 설명하고 있을 겁니다. 제목과 덧붙여진 설명을 꼼꼼하게 공부하고 말하거나 쓸 수 있으면 완전히 내 것이 된 겁니다.

Q. 다음 그래프를 통해서 알 수 있는 사회적 문제점은 무엇인가?

Q. 다음과 같은 실험 설계에서 꼭 지켜야 하는 통제 변인은 무엇인가?

→ 이런 문제의 답은 해당 그래프가 삽입된 교과서에 제시된 제목, 실험 설계 쪽날개에 쓰여있는 설명에 있습니다.

✦ 객관식 문제 공부 후 서술로 답하기

문제집을 풀고 꼼꼼하게 확인하는 공부가 끝났다면 이미 공부한 객관식 문제를 서술형으로 답하는 연습을 해봅니다. 발문만 보고 하단부의 선지를 가리면 됩니다. '보기 중에 고르시오, 적절하지 않은 것은, 알맞게 짝지은 것은?' 등의 발문은 해당되지 않습니다. 객관식 문제 중에서도 '다음 글의 제목으로 적절한 것은? (가), (나)에 들어갈 내용으로 옳은 것은? 글쓴이의 주장을 뒷받침할 수 있는 근거로 적절한 것은?' 같은 문제는 답변을 달아볼 수 있습니다.

◆ 교과서 탐구활동, 생각해 보기 등에 답안 작성하기

문제에서 요구하는 것이 무엇인지 아는데 어떻게 작성해야 막막해하는 학생들이 있습니다. 입력된 정보를 출력하는 연습이 부족하기 때문입니다. 꺼내는 것도 연습이 필요합니다. 교과서마다 '탐구활동', '생각해 보기', '잠깐 활동' 등 명칭이 다를 뿐 질문형 자료가 많습니다. 여기에 답을 작성하는 연습을 꾸준하면 도움이 됩니다. 앞서 말씀드린 수업 끝나고 5분의 시간을 활용해서 작성하면 됩니다. 복습 효과도 향상시킬 수 있습니다.

◆ 영어 논·서술형 대비

영어 교과의 경우 조건 없는 영작을 평가하게 되면 채점의 객관성을 담보하기 어렵습니다. 주로 수업 시간에 배운 문법을 적용해서 문장을 완성하게 합니다. 난도를 높일 때 문장에 사용되는 단어의 수를 제한하기도 합니다. 수업 시간에 배운 문법의 예문은 모두 암기합니다. 문장에 쓰인 단어는 모두 비슷한 뜻의 다른 단어까지 찾아봅니다. 또한 배운 문법 요소를 적용해서 지문을 한 문장으로 요약하는 연습도 효과적입니다.

내신 성적 잘 받는 법 3.
과학도 잘하는 아이가
공부도 잘합니다

국·영·수는 탄탄하게 준비하면서 막상 과학에서 기본기가 부족한 친구들이 제법 있습니다. 중학교에서 과학 내신 시험을 보지 않는 경우가 많아서 학습결손을 확인하지 못하고 고등학교에 입학합니다. 고등학교 내신 점수는 대입에서 대체로 국·영·수·사·과 위주로 반영됩니다. 국·영·수를 잘해도 사회와 과학 등급이 낮으면 평균적으로 점수를 크게 깎아먹습니다. 부족한 과학 공부를 메우기 위해 과학 공부량을 늘리면 국영수 공부 시간을 뺏깁니다. 중학교 때 학습결손없이 공부하는 것이 무엇보다 중요합니다.

물·화·생·지 고르게 챙기기

고등학교 1학년 담임을 하며 관찰해보면 통합과학 성적이 크게 오르락내리락 요동치는 아이들이 있습니다. 같은 과목 성적이 왜 이리 차이가 날까요? 고등학교 1학년 통합과학은 단원에 따라 물리학, 화학, 생명공학, 지구과학(이하 물·화·생·지)이 비중으로 각각 다릅니다. 물·화·생·지 관심에 따라 수업 집중도와 공부량의 차이가 발생합니다. 단원에 따라 재미없으면 공부하기도 싫고, 노력이 적으니 학습결손이 생겨서 수업 시간이 어렵게 느껴지는 악순환의 고리가 만들어집니다. 그러니 본인이 좋아하는 분야 단원일 때는 성적이 오르고, 반대로 관심 없는 분야일 때는 성적이 떨어지는 겁니다. 고등학교 모든 시험은 여과 없이 고스란히 내신으로 기록됩니다. 고등학교 입학 전, 되도록 물·화·생·지 분야를 고르게 학습결손 없도록 챙겨야 합니다.

내신 성적 잘 받는 법 4.
국어 성적 높이기 위해
준비해야 할 6가지

1. 근현대사 역사 지식

굴곡진 우리의 근현대사는 여러 문학 작품 속 시대 배경으로 등장합니다. 채만식의 《레디메이드 인생》은 일제강점기 1930년대를 이야기합니다. 최학송의 《탈출기》는 역시 일제강점기, 주인공이 가족을 데리고 간도로 이주하는 내용입니다. 현기영 작가의 《순이 삼촌》은 제주 4.3사건이 배경입니다. 거대한 역사의 소용돌이로 인해 운명이 뒤바뀌는 주인공의 삶을 이해하기 위해서는 각 시대의 역사적 배경지식이 반드시 필요합니다. 우리나라 전체 역사, 신화 등 모두 배경지식으로 갖고 작품을 접하면 당연히 유리합니다만 너무 넓습니다.

그래서 적어도 근현대사에 대한 역사적 흐름이라도 온전히 알고 있어야 힙니다.

2. 지리적 배경지식

조세희의《난쟁이가 쏘아 올린 공》에서 서울의 급격한 팽창 시기 달동네 생기고, 이후 재개발이 되는 과정을 다룬 작품입니다. 이효석의《메밀꽃 필 무렵》은 평창과 제천 일대 오일장을 돌며 살아가는 장돌뱅이의 이야기가 등장합니다. 장소란 문학 작품의 배경을 제공할 뿐만 아니라 지역의 특징이 고스란히 작품이 영향을 주게 합니다. 대하소설 박경리의《토지》는 최참판댁이 있던 하동 평사리에서 시작해 만주를 건너 다시 진주로 이동하면서 넓은 지역을 오가며 서사가 전개됩니다. 이런 책을 읽을 때 지리적 감각을 지닌 아이들은 자연스럽게 머릿속 지도를 펼쳐 함께 이동하며 생각합니다. 이런 감각을 키우기 위해서는 어려서부터 지구본과 세계지도를 자주 접하게 해주시면 좋습니다. 구글어스도 지리적 호기심을 치우고 공간 감각을 키우는데 유용합니다.

3. 경제

수능 국어 비문학(독해)에서 아이들이 가장 힘들어하는 분야가 바로 경제입니다. 중학교 사회, 고등학교 통합사회에서 경제 단원을 배우기는 하지만 제대로 이해하고 있는 아이들이 거의 없습니다. 거시적인 경제 흐름뿐만 아니라 금리 계산, 수요와 공급의 균형, 채권 등 구체적인 현상의 특징을 묻는 경우가 많습니다. 그래서 중학생 이상이라면 경제 관련 EBS 다큐멘터리를 추천합니다. EBS 〈자본주의〉, 〈돈의 얼굴〉 등을 반복해서 보면 경제에 대한 큰 틀을 이해하는데 도움이 많이 됩니다.

4. 최신 과학 지식

과학의 경우 모든 학년의 과학 교과서 개념이 완전학습 되도록 공부합니다. 그뿐만 아니라 최신 과학 흐름을 알고 있으면 도움이 되기 때문에 청소년용 과학 잡지를 읽으면 좋습니다. 정기구독도 좋지만 모든 도서관에 비치되어 있으니 적극 활용하세요. 특히 학교 도서관에서는 대부분 정기간행물을 구독하지만 보는 사람도 없어서 편하게 이용할 수 있습니다. 공부에 집중하기 어려울 때, 쉬는 시간을 이용해서 과학 이론을 쉽게 설명해주는 유튜브를 보는 것도 도움이 됩니다.

5. 중학교 국어 문법

고등학교에 진학해 아이들이 국어 성적이 안 나오는 큰 이유 중 하나가 중학교 시절 국어 문법에 구멍이 뻥 뚫려있기 때문입니다. 중학교는 교육과정을 유연하게 재구성하는 경우가 많습니다. 전국 공통으로 보는 시험이 존재하는 것도 아니고, 자유학기제 운영으로 수업을 재구성해야만 하는 현실적 제약 때문이었습니다. 이 과정에서 아이들이 문법을 제대로 못 배우고 고등학교에 입학합니다. 중학교 국어는 꼭 자습서로 꼼꼼하게 학습결손 없이 완전학습 시켜주세요.

6. 글쓰기

수행평가의 대부분이 글쓰기 능력을 요구합니다. 탐구보고서, 감상문, 정책 제안서, 독후감, 주제 탐구 등 다양한 형태의 글쓰기가 수행평가 요소가 됩니다. 글은 많이 써봐야 늡니다. 서·논술형 평가 확대를 예고한 상황입니다. '논·서술형 수행평가가 쉬워지는 글쓰기 방법'(109p)을 참고하셔서 글쓰기 실력이 시나브로 쌓일 수 있도록 도와주세요.

내신 성적 잘 받는 법 5.
출력하는 공부하기

요즘 아이들은 어떤 세대보다 어린 나이부터 공부하기 시작하고, 심지어 많이 합니다. 하지만 그간의 노력에 비해 유의미한 효과를 보이지 못해서 방황하는 경우가 많습니다. 일찍부터 많이 공부했는데 왜 성과가 나오지 않을까요? 간단합니다. 입력하는 공부만 하기 때문입니다. 출력하는 공부가 필요합니다. 집어넣은 지식을 꺼내는 과정을 연습해야 합니다. 출력 연습을 해야 장기 기억으로 오래 남습니다. 그렇다면 어떻게 하면 저장한 것을 출력할 수 있을까요? 입력이 아닌 출력하는 공부란 무엇일까요?

내신 공부, 개요에 맞춰 백지 쓰기

내신 공부할 때 한꺼번에 많은 양의 범위를 기억해야 합니다. 요즘 아이들은 그저 많이 읽으면 된다고 생각합니다. 물론 읽기만 해도 일부는 기억에 남지만 충분하지 않습니다. 출력하는 과정을 통해 완전히 이해했는지 점검하고 확인하는 방법이 개요 쓰기입니다.

교과서의 '대단원', '중단원', '소단원', '이하 개요'만 메모합니다. 뼈대만 적어 보는 겁니다. 작성해 놓은 개요에 살 붙이며 공부한 것을 꺼내 봅니다. 앞서 소개한 교과서-문제집-다시 교과서를 공부하는 3회차 공부가 끝난 후에 시도하는 게 좋습니다.

개요는 머릿속에 있는 지식 중 어떤 것을 꺼내와야 할지 알려주는 일종의 힌트입니다. 각 단원의 제목 또는 소주제를 보고도 어떤 내용도 적지 못한다면 그 부분의 공부는 안 되어 있다 생각하고 점검하면 됩니다.

설명하며 말하기

머릿속에 있는 것을 말로 하는 것이 출력입니다. 이미 다 아는 것 같지만 막상 말로 설명하려면 어렵습니다. 머릿속에서 뒤엉켜있는 지식을 구조화시켜야 말하기가 가능하기 때문입니다. 아는 것 같지만 설명이 안 되는 부분은 다시 책으로 돌아가 공부해야 합니다. 방법은 간단합니다. 스스로 질문하고 스스로 답하면 됩니다. 부모님을 앉혀놓고 설명해도 되고, 거울을 보고 강의하듯 설명해도 됩니다. 친구와 같이 공부하고 서로 묻고 답하는 것도 좋은 방법입니다.

수업 시간에 적극적으로 대답하기

가장 쉬운 방법인데 가장 무시당하는 방법입니다. 학부모 참관수업 가보시면 느끼실 겁니다. 유치원과 초등 저학년까지는 발표 기회를 얻기 위해 서로 손들고 경쟁합니다. 이 열기는 학년이 올라가면서 급격히 사라집니다. 저는 수업 하면서 질문을 많이 합니다. 대답은 돌아오지 않습니다. 그럴 때마다 아이들에게 이렇게 이야기합니다.

"나에게 들리지 않아도 좋으니 중얼거리면서라도 질문에 답을 해야 합니다."

질문에 대답하려고 마음먹는 순간 이미 수업에 집중하고 있는 겁니다. 수업에 집중하고 있어야 질문에 알맞은 답을 할 수 있으니 질문에 답하려는 태도만으로 주의집중을 높일 수 있습니다. 하지만 막상 대답을 망설이는 이유는 오답을 말할까 봐 걱정되기 때문입니다. 그래서 큰 목소리가 아니어도 된다고 하는 겁니다. 중얼거리는 정도로 혼자만 들리게 답해도 효과가 있습니다. 혹여 틀린 답을 말했다면 잘못 알고 있는 것을 확인하는 셈이니 오히려 다행입니다. 정확하게 인지하고 다시 공부하면 됩니다.

자기 전에 암기하고, 아침에 떠올리기

낮에 공부한 영어 단어를 자기 전에 한 번 복습하고, 자고 일어나서 아침에 다시 점검하세요. 영어단어 외우기에 정해진 방법은 없지만 여러 번 반복해서 기억력을 높여주는 패턴을 만들어주는 것이 중요해서 자투리 시간을 이용해 정해주는 것입니다. 자기 전과 아침에 기억이 나지 않는 건 표시해 두었다가 낮에 오늘의 단어를 공부할 때 다시 정리하면 됩니다.

아이들은 공부한 만큼 성취하길 바랍니다. 노력하면 댓가를 얻으면서 성취감을 맛보았으면 좋겠습니다. 그래서 공부를 제대로 하는 방법을 알아야 합니다. 앞으로 사회가 급변하는 만큼 평생 교육으로 환경에 적응하며 살아가야 합니다. 공부 방법을 익히는 것은 당장 대입을 위해서뿐만 아니라 평생을 공부해야 하는 세대에게 세상을 살아가는 데 중요한 역량입니다.

집공부 솔루션

자투리 시간 활용하기
(중간고사 이후, 학기말)

중간고사 끝나고 5월 중순까지

중간고사가 끝나고 나면 시험 이의신청 기간과 이후 많은 학교에서 체육대회를 합니다. 이어 현장체험학습, 자율교육과정이 진행되는 학교가 많습니다. 어린이날, 석가탄신일 등의 공휴일이 이어집니다. 이렇게 연결되는 구간이 보통 보름쯤 됩니다. 이 기간 대부분 제대로 된 학습 진도가 나가기 어렵습니다. 이때입니다. 쉬는 날과 행사가 많아서 교과 진도가 나가지 않는 황금 같은 시기를 제대로 활용해야 합니다. 부족하다고 느끼는 부분의 학습을 보완할 수 있는 시간입니다. 보름이면 뭐라도 할 수 있는 시간입니다.

활용 방법

약점 파악이 우선입니다. 앞선 지필평가를 분석해서 약점을 확인합니다. '중학교에서 배운 수학이 부족하다. 영어 문법이 약하다. 중학교 영어 단어에서 놓친 것이 많다. 과학 중 물리에 약하구나' 등등 약점을 정확하게 확인합니다. 그래야 그걸 메꿀 방법을 찾아볼 수 있습니다. 뭐든 기초를 단단히 해야 그 위에 새로운 것을 올릴 수 있습니다. 자신의 공부 약점을 파악하기 어렵다면 각 교과 선생님께 여쭤보세요. 시험지를 챙겨가 스스로 느끼는 부분을 말씀드리고 어떤 공부를 해야 도움이 될지 문의하시면 됩니다.

단기간에 부족한 부분을 채우는 방법

중학교에서는 한 학기 동안 배웠던 것을 고등학생이 돼서는 보름 안에 해결하려면 EBS 강의를 적극 활용합니다. EBS 강의는 학년별, 수준별, 상황별로 다양합니다. 영어 문법 부족이 문제라면 먼저 EBSi에 접속하세요. 검색창에 '영어 문법'을 입력합니다. 강좌마다 강의 대상, 강의 수준 등이 표시되어 있습니다. 여기서 꼭 확인해야 하는 것은 '강좌 수'입니다. 강좌가 많으면 목표로 하는 보름 기간 안에 반복하기 어렵습니다. 15~20개 강의가 적당합니다. 이중 OT 강의를 들어보고 적당한 것을 선택하세요. 전체 강의를 2번 반복할 겁니다. 주어진 시간을 10일이라고 가정하면 총강의 20강 짜리를 2번 반복해서 들으려면 20강×2회독/10일 = 하루 4강좌를 들으면 됩니다. 이때 한 강의를 연속해서 두 번 듣기보다는 전체를 다 듣고, 다시 두 번째 수강하는 것이 좋습니다. 주의할 것은 이미 본 것이라는 생각을 버리고 모르는 부분, 아직도 이해가 안 되는 부분, 중요한 예문 암기를 염두하고 두 번째 수강해야 효과가 커집니다. 문법 예문을 완전히 암기하세요. 암기는 절대 나쁜 게 아닙니다. 영어 단어가 부족하다면 중학교 필수 단어 + 고등학교 필수 단어 + 교과서 단어(내신)를 함께 외우세요. 외우는 양은 하루 50~100개면 충분합니다.

과학 기초가 부족하다면 과학은 복습보다는 예습을 추천합니다. 중간고사를 치렀으니 기말고사 범위를 대략 짐작할 수 있습니다. 앞서 중간고사까지는 수업 시간에 나가는 진도를 제대로 흡수하지 못했다면 예습을 통해 이후 수업의 이해도를 높여야 합니다. 역시 EBSi 강의 또는 저렴한 강남 인강 등을 이용해서 공부하세요. 미리 예습한 덕분에 전보다 수업에 집중하기 수월해집니다.

사회 개념이 부족했다고 느끼면 개념만 정리된 학습지보다는 교과서를 읽기를 권합니다. 기말고사 범위 교과서를 읽고 모르는 단어를 미리 체크하고 찾아보세요. 과학처럼 인강을 듣는 것도 도움이 됩니다만 보름 안에 모든 과목 강의를 다 들을 수는 없습니다. 사회는 비교적 용어가 쉽고 개념들도 현실 세계를 반영한 것이라 교과서를 꼼꼼하게 읽는 것으로도 도움이 받을 수 있습니다.

학기말 자투리 시간

기말고사가 끝나면 대부분 학생들은 하던 일을 멈추고 놉니다. 1학기 동안 달려온 나 자신에게 휴식을 주는 겁니다. 물론 보상은 필요합니다. 하지만 남들이 놀 때 공부해야 앞서나갈 수 있습니다. 또는 벌어진 간격을 좁힐 수 있습니다. 기말고사를 끝낸 학기말부터 방학까지의 기간을 살려내야 합니다. 시험 종료 후 성적처리가 마무리되는 2~3주와 여름방학 4주, 이 기간을 모두 방학이라 생각하고 계획을 세우는 것이 시작입니다. 방학은 부족한 구멍을 찾아 없앨 수 있는 절호의 찬스입니다.

2학기 수행평가를 준비하는 독서

수행평가에는 스스로 주제를 정해서 조사해 보는 형식이 있습니다. 또는 진로 독서 자체가 평가항목이 되기도 합니다. 때문에 학기말에 독서하는 것은 학기 중 시간을 버는 효과가 있습니다. 관심 있는 분야 독서를 하되 궁금한 점, 더 찾아보고 싶은 점, 진로와 맞닿은 부분, 다른 교과와 연계되는 부분 등 다양한 시선을 갖고 표시를 하며 독서하세요. 특히 학교 도서관에서는 학기 초가 되면 교사들에게 새로 구입할 도서 목록을 추천받습니다. 어떤 책을 읽어야 할지 결정하기 어렵다면 신간 코너를 기웃거리거나 선생님께 물어보면 좋은 책을 추천받을 수 있습니다.

계획을 세우기 앞서 상담하기

각 교과 선생님과 공부 방법에 대해 상담하세요. 수행평가와 지필고사, 그리고 모의고사 등의 시험지 또는 성적표를 지참하고 상담을 하시면 좋습니다. 전문가들입니다. 어떤 문제를 틀렸는지를 보면 어디서 누수가 있는지 압니다. 개념이 부족한 것인지, 이미 전 학년의 학습결손이 있는 것인지, 문제풀이가 부족했는지, 또는 학습 시간이 부족한지 등등을 진단해 주실 겁니다. 그러니 과목별 선생님을 찾아가서 진단하고 여름방학 계획을 세우는 데 도움을 받으세요. 지금 코칭을 받으면 잘못된 공부 습관을 바로잡는 데 도움을 받고 또한 열심히 하는 모습에 칭찬받아서 더 열심히 하는 계기가 될 겁니다.

학기말 어수선한 교실에서 다큐멘터리 보기

학습 분위기가 잘 조성된 학교라면 학기말에도 알아서 공부하는 친구들이 많습니다. 그럴 때는 자연스럽게 내 공부를 하면 됩니다. 하지만 혼자서만 튀는 행동을 하기 어려울 수 있습니다. 이럴 경우 눈치 보면서, 또는 핀잔을 들으면서 (공부하는 아이들에게 면박을 주거나 불편함을 표현하는 아이들이 있습니다)까지 공부하라고 하기 어렵습니다. 이럴 땐 다큐멘터리를 보기를 추천합니다. EBS 다큐프라임 시리즈, tvN 〈벌거벗은 세계사〉와 같은 교양 예능, 과학 유튜브 등 혼자 이해하고 공부하기 어려운 과목에 대한 영상을 찾아 들어보세요. 친구들이 시선이 부담되어 공부하는 일이 어려울 수 있지만 대체로 영상 보는 것은 관대하니 방해받지 않을 겁니다.

함께 달리기 경주를 하다가 시험이 끝나고 방심한 토끼들이 낮잠을 자고 있습니다. 이 순간이 기회입니다. 벌어진 간격을 좁힐 수 있습니다. 남들이 놀 때 나는 더 열심히 달려야 합니다. 그래야 역전을 노릴 수 있습니다.

4부

결국
정서가
답이다

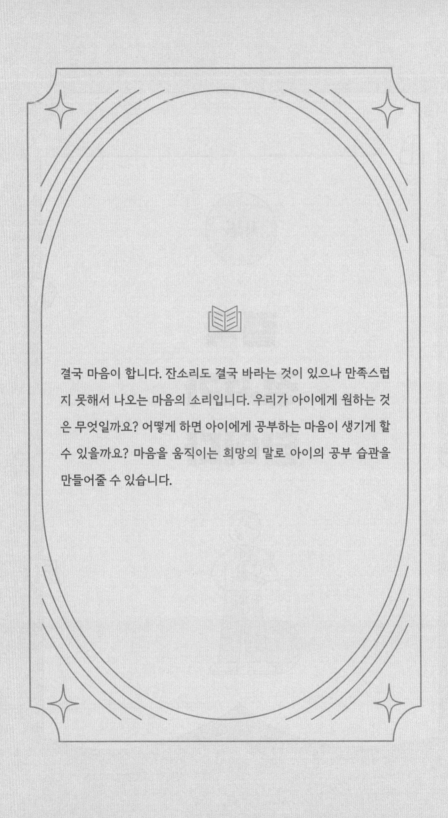

결국 마음이 합니다. 잔소리도 결국 바라는 것이 있으나 만족스럽지 못해서 나오는 마음의 소리입니다. 우리가 아이에게 원하는 것은 무엇일까요? 어떻게 하면 아이에게 공부하는 마음이 생기게 할 수 있을까요? 마음을 움직이는 희망의 말로 아이의 공부 습관을 만들어줄 수 있습니다.

공부를 '잘'해야 한다는 고정값을 버리자

공부는 잘하면 좋습니다. 저도 바라는 바입니다. 그런데 그건 제 입장일 뿐입니다. 모든 사람이 공부를 잘할 수 없습니다. 모든 사람이 공부를 잘 해야만 하는 것도 아닙니다. 아니라는 걸 알지만 은연중 우리 모두가 1등급을 바라고, 1등을 해야만 만족합니다. 기왕이면 상위권 대학, 인서울, SKY를 원합니다.

여기서 문제가 발생합니다. 자기 학년에서 학습결손이 없도록 해내도 된다는 마음으로 아이를 바라봐야 갈등없이 생기지 않습니다. 매일 꾸준한 충분한 양의 공부를 해내는 습관 들이기가 목표가 되어야 합니다. 하지만 대부분 공부의 목표를 당장 1등하기입니다. 남보다 잘해야 합니다. 이러면 만족이 끝도 없습니다. 현행을 학습결손 없이 해내고 나면 그다음은 남들처럼 선행학습으로 눈이 돌아갑니다. 학습량이 점점 늘어나고, 다녀야 할 학원이 계속 추가됩니다. 남보다 잘해야 하니 끝없이 아이를 채근하게 됩니다. 성과를 바라는 마음이 드러나는 순간, 아이를 기다릴 수 없습니다. 사춘기를 심하게 겪으며 마음이 아픈 아이를 기다려주지 못하고 공부를 해야 한다고 압박하게 됩니다. 친구와의 갈등으로 마음이 복잡한 아이가 공부를 놓아버리면 떨어지는 성적만 보입니다. 부모와 대화가 안 돼 답답해하는 아이의 마음을 살펴볼 겨를 없이 받아온 성적표를 보고 채근하게 됩니다. 공부, 잘하면 좋지요. 그런데 그건 부모의 입장입니다.

공부란 잘하면 좋겠지만, 꼭 잘해야만 의미 있는 것은 아닙니다. 공부를 잘해야 한다는 생각 때문에 우리나라 교육이 모두 1등급이 아니면 나머지는 들러리라고 생각하고 있습니다. 공부를 잘해야 한다는 고정값을 버려보세요. 공부하는 과정에 의미를 두셔야 합니다. 매일 꾸준히 공부하는 것을 칭찬하고, 공부 방법을 배우는 것에 만족하면 긍정적인 공부 정서를 쌓으며 공부할 수 있습니다.

공부 안 하는 아이에게
먹히는 말

학교에서 아이들 지도하다 보면 가장 난감한 아이들이 공부 안 하는 친구들입니다. 학교가 본질적으로 학습을 기반으로 하다 보니 공부를 안 하는 친구들에게는 답답한 감옥 같은 공간입니다. 무기력하게 시간을 죽이고 있는 아이들을 위해 뭐라도 해주기 위해 고민합니다.

공부하지 않았던 친구들을 어떻게 하면 손쉽게 마음을 움직여 마음의 문을 열 수 있게 할까요? 즐거운 마음으로 책상 앞에 앉혀 공부할 수 있게 할까요?

네가 할 수 있다고 믿으니까 하는 말이야

"네가 해낼 가능성이 있으니까 하자고 하는 거야.
넌 충분히 해낼 거라고 믿어서 공부하자고 하는 거야."

진심입니다. 공부 머리가 있고, 조금만 하면 성적이 오르겠는데 안 하는 아이들에게 이렇게 말합니다. 공부 안 한다고 채근하지 않고 '하면 할 수 있다고 믿기 때문에 해보자고 제안하는 거다'라는 제 마음을 보여주는 겁니다. 공부 좀 하라는 잔소리보다 넌 할 수 있다는 믿음의 말이 아이를 움직입니다. 관점이 변하면 대화도 달라집니다. 공부를 안 하는 지금 상황에 머물지 마시고, 왜 공부를 안 하는지 이유를 살펴보는 것이 중요합니다. 지금 공부를 놓아버린 (또는 힘껏 해내지 못하는) 이유는 분명 앞서 겪었던 답답함, 좌절감, 자신감 부족이 원인일 수 있습니다. 공부에 데여서 더 이상 지속할 힘을 잃어버렸을 수도 있습니다. 번아웃 상태인 겁니다. 공부에 대한 마음이 닫힌 아이에게 공부하라는 말은 그저 잔소리입니다. 다시 책을 펼칠 수 있으려면 마음이 먼저 움직여야 합니다. 그 마음을 재촉하지 마시고 믿음의 신호만 보내주세요.

네가 잘못해서 성적이 안 나오는 게 아니야

"노력했는데 성적이 나오지 않은 건 네 탓이 아니야.
단지 방법의 문제지."

공부를 안 하는 아이들의 상당수는 어차피 안 될 거라는 결과를 정해놨기 때문입니다. 지금껏 쉼 없이 공부했지만 기대에 미치지 못했을 겁니다. 그 기대는 공부를 잘해야 한다는 부모님의 기준치였을 것입니다. 채울 수 없는 기대치에 아이는 지쳐갑니다. 내 실력과 상관없이 부모 욕심에 다니는 학원, 치러내야 하는 경시대회, 시키니까 나가는 콩쿠르 등에서 누적되는 실패로 점차 주눅 들게 만듭니다. 작은 성공의 경험부터 다시 시작해야 합니다. 이 친구들에게는 제대로 된 공부 방법을 아주 세분화해서, 나노 단위로 알려주는 게 중요합니다. 이미 고등학생이지만 영어 단어 외우는 방법, 자투리 시간 관리 방법, 학습 플래너 작성하는 방법, 수업 시간에 어떻게 하면 집중할 수 있는지 등등 아주 세세하게 접근해야 합니다. 성적이 나오지 않는 원인을 아이 탓으로 돌리지 않고, 방법으로 돌립니다. 이렇게 방법을 바꿔서 노력하면 보다 나은 결과를 가져올 수 있다고 알려주면 다시 해볼 용기가 납니다.

네가 아까워서 그래

"이러고 있는 네 시간과 네가 아까워서 그러는 거야."

진심으로 건네는 말입니다. 조금만 하면 될 거 같은데, 지금 안 하면 후회할 텐데 아무것도 안 하고 손을 놓고 있는 그 순간 아이의 시간이 무척 아깝습니다. 그리고 해낼 수 있는 충분한 능력이 있는데 움츠러들어있는 아이가 아깝습니다. 성적을 높게 받기 위해서가 아니라 널 위해서 필요한 공부를 해보자고 말합니다.

스무 살의 네가 울고 있어

"지금 네가 놀고 있어서 스무 살의 OO가 울고 있어.
어른이 된 OOO는 무슨 잘못이야."

실제 교실에서 종종 하는 잔소리인데 아이들 말로는 이렇게 말해주면 순간 오싹하다고 하네요. 학년이 높아질수록 가장 먹히는 말입니다. 중학생이라면 고등학생이 된 열일 곱 살로 바꿔서 적용해 보세요. 조금 더 현실적인 느낌이 오게 만들어서 위기감을 느끼게 합니다. 스무 살, 내가 원하는 이상적인 모습과 현재 상황에서 맞이하게 될 모습을 비교해 보면 아이들도 현실감을 갖게 됩니다.

오만오조 핑계를 대고 공부 안 하는 아이에게

"이것저것 때문에 공부를 할 수 없어요."

"동기가 부족해요."

"목표가 없으니 하고 싶은 마음이 안 생겨요."

"그냥 해."

운동을 해야겠다고 마음을 먹어도 무기력한 몸을 일으켜 집을 나서는 것이 쉽지 않습니다. 막상 헬스장에 도착하기만 하면 그다음은 자연스럽게 운동할 수 있는데 말입니다. 동기부여 전문가들은 제일 먼저 운동화를 신자고 조언합니다. 운동화만 신으면 그다음은 자연스럽게 문을 열고 집을 나서게 됩니다. 아이들도 결심해서 공부를 해내는 과정에 시작이 어렵습니다. 그냥 하는 겁니다.

공부하려고 하면 어떤 과목, 어떤 교재, 언제, 어디서, 어떻게…. 꼬리에 꼬리를 무는 의문이 들고 막막하기만 합니다. 그냥 시작해야 합니다. 완전히 공부를 놓았던 것이라면 기본은 교과서입니다. 매일 학교에서 배운 공부를 복습합니다. 보통 정리된 학습지 형태로 수업하기 때문에 교과서로 읽으면 또 내용이 새롭게 보일 수 있습니다. 이런저런 핑계는 그만하고 그냥 해야 합니다.

공부를 모두 해야 하는 건 아닙니다. 모두가 대학 공부를 해야 하는 것도 아닙니다. 특히 높은 성적은 모든 아이들에게 필요하지 않습니다. 하지만 학창 시절 공부는 앞으로 다양한 삶의 과정에서 큰 도움이 됩니다. 성취감을 줍니다.

아이들이 열심히 해보는 경험, 노력해 본 경험, 그 과정에 얻어낸 지식, 그리고 성과는 평생 자산이 되어줍니다. 공부를 시작하는 것을 막막해한다면 살면서 꼭 필요한 영어와 개중 자신 있는 과목 한두 개만이라도 잡도록 도와주세요. 작은 성취감을 얻은 후 이후에 좀 더 넓게 목표를 잡아가는 것이 좋습니다.

아이들이 학교에서 소소하게 행복했으면 좋겠습니다. 서로 다른 결과를 보이지만 자신만의 목표를 성취했으면 합니다.

SNS에 현혹되지 않고
교육철학을 지키는 법

SNS와 유튜브에 유용한 교육정보가 많습니다. 특히 과학관, 박물관, 출판사가 모두 인스타그램 계정을 통해 이벤트와 교육 프로그램을 가장 빨리 알려줍니다. 잘 활용하면 큰 도움이 됩니다. 하지만 맹목적으로 믿고, 또는 습관적으로 정보를 탐색하는 것은 문제가 됩니다. 인터넷 교육정보, 현명하게 활용하셔야 합니다.

SNS 멈추고 필요한 정보만 택하기

불안한 마음으로 SNS에 의존하는 분들이 계십니다. 새로 업로드된 유튜브 영상을 안 보면 나만 정보를 놓칠까 봐 불안합니다. 문제는 정보에 목메는 사이 정작 내 아이를 놓친다는 점입니다. 맹목적으로 정보에 집착하는 시간에 내 아이를 더 관찰하는 것이 좋습니다. 모든 정보를 하나도 빠짐없이 다 수집할 이유는 없습니다. 결이 맞고 필요하다고 생각되는 정보만 선택하셔야 합니다. 휘둘리지 말고 주도하세요.

맹목적으로 SNS 정보를 믿는 것도 위험합니다. 종종 초등 전문가 입장에서 알려주시는 방법이 고등학교 교사인 제 관점에서 우려스러울 때가 있습니다. 다소 편협한 사고를 만들까 우려되는 조언들입니다. 또는 한 아이 사례를 절대적 정보인 양 믿고 따라하는 경우도 있습니다. 그 아이에게는 찰떡같은 방법이었겠지만 완전히 다른 내 아이에게도 통할리 없습니다. 환경, 학년, 기질, 학습량, 학습 수준, 공부에 대한 정서, 배경지식 등 모든 것이 다릅니다. 동일하게 적용해서 동일한 값을 얻을 수 없습니다. 모든 기준은 내 아이가 되어야 합니다.

집공부 TIP

흔들리지 않는 교육철학을 만들어주는 교육도서 추천

· 《국어 잘하는 아이가 이깁니다》, 나민애 지음
· 《수학 잘하는 아이는 이렇게 공부합니다》, 류승재 지음
· 《초등수학 심화 공부법》, 류승재 지음
· 《초등 완성 영어 글쓰기 로드맵》, 장소미 지음

양육과 교육은 본질만 지키면 됩니다. 기본을 뛰어넘는 대단히 획기적인 비법이 존재하지 않습니다. 뭔가 새롭고 대단한 정보가 나올까 봐 유튜브 정보를 찾아다니게 됩니다. 저 또한 '나만 놓치는 정보가 있지 않을까'하는 불안감이 있습니다. 제가 교사임에도 이런데 다른 분야 일을 하시는 학부모님은 오죽하시겠어요. 충분히 이해합니다. 그런데 제 경험과 그간의 정보 수집 과정을 모두 합쳐도 늘 본질은 하나입니다. 국·영·수 탄탄한 기본기, 현행을 학습결손 없이, 적당히 아닌 충분한 학습, 글쓰기와 독서 꾸준히 하기가 그것입니다. 사실 이 부분만 지키기에도 하루는 짧습니다.

아이의 시험 기간,
부모님은 이렇게 하세요

시험 직전, 공부 잔소리 멈추기

공부 못하고 싶은 아이는 없습니다. 기초가 부족해서, 놀고 싶은 마음을 이기지 못해서, 공부하는 방법을 몰라서, 친구와 약속이 중요해서 등등 공부를 못한 나름의 핑계가 있습니다. 게다가 공부 안 하고 있어도 스트레스 받습니다. 맘 편하게 놀지 못하고 아마 찜찜하게 놀 겁니다.

부모님들도 이미 알고 계실 겁니다. 하려고 마음을 먹었는데, 그때 잔소리를 들으면 하기 싫어지는 경험이 누구나 있습니다. 공부 하라고 잔소리 하려는 그 순간이 어쩌면 이제 막 공부하려던 순간일 수 있습니다.

시험기간에는 부모도 미디어 사용 멈추기

시험공부할 때는 뉴스·시사 프로그램도 재밌습니다. 보고 또 봐도 모르겠는 수학 문제와 씨름하고 있는데 거실에서 부모가 TV를 본다면 공부하지 말라는 것과 같습니다. 다이어트 중인데 옆에서 고기를 굽고 있는 것처럼 약 오르는 상황입니다. 공부는 아이가 하는 게 맞지만 적어도 방해는 하지 말아야 합니다. 아침 등교부터 밤까지 종일 책과 문제와 싸우고 있는데 집에서 드라마를 보고 있는 건 반칙입니다. 보더라도 몰래 보고 아이의 공부 시간을 존중해 주세요.

영양제 골고루 챙겨주기

공부도 체력이 받쳐줘야 합니다. 돌도 씹어 먹을 나이지만 그저 공부만 하다 보니 오히려 안 아픈 곳이 없는 시기입니다. 소화도 안 되고 스트레스 때문에 위장 장애를 겪는 아이들도 많습니다. 카페인이 많이 든 음료 마시는 걸 제한하게 하고 시험기간 만이라도 영양제를 챙겨주세요.

결과 평가 하지 않기

평가는 시험이 완전하게 끝난 후에 하세요. 오늘 시험을 망치고 왔다면 가장 괴로운 건 본인입니다. 마음이 만신창이된 아이에게 시험 잘 봤니? 결과는 어떠니? 이게 뭐야? 공부를 한 거야, 만 거야? 평가의 말들을 쏟아내는 순간 아이는 너덜너덜해집니다. 다음날 시험공부할 힘을 빼앗깁니다. 연속으로 시험을 망치게 됩니다. 시험 결과를 빨리 잊고 내일 시험에 집중할 수 있도록 도와주세요. 아이를 다그친다고 이미 나온 결과물이 바뀌지 않습니다. 아이 먼저 챙기고 다 끝난 후 점검하셔도 늦지 않습니다.

결과와 상관없이 아이의 자존감 지켜주기

아이가 커갈수록 중요한 걸 놓칩니다. 그저 존재만으로 충분하다는 걸 부모가 잊고 표현하지 않습니다. 뭔가 결과가 좋아야만 칭찬받습니다. 열심히 하루를 보냈음에도 그 수고에 대한 치하는 사라집니다. 우리 아이들이 하루 종일 공부하는 것이 디폴트 값이 되어버린 듯합니다. 딱 한 번의 실수가 평생 갈 것처럼 나무라고, 항상 지금보다 더 나아지기를 강요합니다. 결국 남보다 성적을 잘 받아야만 칭찬받게 되니, 아이들이 자기 자신과 성적을 동일시 여기는 것이 무리는 아닙니다. 열심히 안 하는 모습을 보여서 실망할 수 있습니다. 결과가 좋지 않아서 아이의 미래가 불안하실 수 있습니다. 기왕이면 더 편하고 질 높은 삶을 바라는 마음은 이해가 됩니다. 하지만, 열심히 안 한 과거는 이미 지나갔습니다. 원하는 대학을 가지 못해도 아이가 어떤 삶을 살아갈지는 지금 판단할 수 없습니다. 아이의 삶이 쾌적하길 바라는 마음도 결국은 아이가 행복하길 바라는 마음입니다. 지금 내 눈앞에 있는 아이를 먼저 바라봐 주세요. '마지막까지, 어떤 잘못을 해도, 결과가 좋지 않더라도, 조건 없이 널 사랑한다' 꼭 말해주세요, 더 늦기 전에요.

그밖에 맵고 자극적인 음식은 피해주세요. 긴장한 탓에 아이들은 배탈이 많이 납니다. 학교와 학원, 스터디 카페까지 쉼 없이 공부하고 온 아이, 귀가하면 한번 꼭 안아주세요. 에너지 충전이 되도록요. 치열한 경쟁속에 살지만 아이들 모두가 행복하게 자랐으면 좋겠습니다. 중·고등학생도 아직 많이 어립니다. 잊지 말아 주세요.

사춘기 우리 아이,
공부보다 마음도 꼭 챙겨주세요

교사가 누리는 특권 하나가 아이들의 성장을 직관할 수 있다는 점입니다. 고등학교 3년 동안 어른이 되어가는 모습, 성숙해지는 모습을 가까이에서 지켜볼 수 있음은 큰 축복입니다. 반면 아이들의 걱정이 무엇인지, 어떤 것을 힘들어하는지 듣고 함께 고민합니다. 20년간 들어온 사춘기 아이들의 마음, 그리고 그들과 지금껏 소통해 온 방법을 나누고자 합니다.

사춘기, 마음이 자라는 시기

초등 고학년부터, 중학생 그리고 고등학생까지 우리 아이들은 계속 성장 중입니다. 마음이 자라는 시기입니다. 이때를 사춘기라 합니다. 픽사 애니메이션 스튜디오의 영화 〈인사이드 아웃 2〉 보셨나요? 사춘기 경보가 울린 라일리에게 큰 변화가 찾아옵니다. 갑자기 등장한 불안이를 비롯한 여러 가지 사춘기 감정들이 라일리를 괴롭게 합니다. 알 수 없는 돌발 행동, 기존에 없었던 말투, 그로 인한 갈등까지 지켜보는 내내 조마조마했답니다. 라일리가 진정한 자아를 찾는 과정을 부모 입장으로 응원하고, 그러면서 육아의 방향성에 대해 다시 생각하는 시간이 되기도 했습니다.

어떤 아이들은 사춘기를 무난히 지나가지만, 유독 요란하고, 힘겹고, 반항적으로 통과하는 아이들이 있습니다. 하지만 예방법을 아는 사람은 아무도 없습니다. 그저 지켜보고 겪어내며 지나가길 바랄 뿐입니다. 기원전 1700년경 고대 수메르인 점토판에도 '요즘 젊은이들 큰일이다'라고 쓰여있다고 합니다. 기성세대인 부모의 가치관으로 바라본 사춘기 아이들이 불안정하고 미성숙해 보이는 건 예나 지금이나 마찬가지인가 봅니다.

우리는 부모이니 아이들을 안아줘야 합니다. '순하던 아이가 변했다'라는 입장을 거두고 '무엇이 불편할까'하는 마음으로 바라보셔야 합니다. 안 하던 행동을 하는 것에 대해 놀라기보다 그럴 수밖에 없는 원인이 있을 거라고 이해하면 조금 쉬워집니다. 그렇다고 무조건적인 허용은 더 위험합니다. 아이의 변화를 포용하되 '그럼에도 불구하고 널 사랑하고 지지해'라고 표현해 주면 좋습니다.

답이 정해진 대화는 대화가 아닙니다

자녀와 갈등상황에서 부모는 늘 옳은 것을 말합니다. 마땅히 해야 하는 것에 이야기합니다. 때문에 아이에게 듣고 싶은 말도 정해져 있습니다. 듣고 싶은 말이 나올 때까지 추궁하고, 정해진 답을 유도합니다. 원하는 대답이 아니면 아이의 말은 대체로 무시합니다. 이때 아이 입장은 이렇습니다. 부모가 하는 말이 족족 옳으니 반박할 수 없어 차라리 입을 다물어 버립니다. 그도 아니면 자기 마음을 몰라주는 부모가 야속해서 악다구니를 쓰게 됩니다.

부모는 아이를 옳은 길로 이끌어주는 주는 사람입니다. 그래서 사춘기 자녀의 행동을 고쳐주려는 겁니다. 하지만 사춘기를 통과하는 아이들의 뇌는 다소 충동적이고 무질서합니다. 이성적 판단보다 즉흥적인 행동이 많습니다. 옳고 그름을 모르지 않지만 알면서도 행동은 반대로 하기도 합니다. 자녀와의 대화에서 옳고 그름의 판단을 빼주세요. 답이 정해져 있는 일방적인 노선에서 벗어나야 아이와 대화를 이을 수 있습니다. 궁극적인 대화의 이유는 소통입니다. 마음속에 정답을 정해놓으면 대화가 이어질 수 없습니다.

아이의 불안 헤아려주기

아이가 삐딱선 탔을 때 부모는 문제 행동만 보입니다. 하지만 그리

행동하는 나름의 이유가 있을 겁니다. 친구 관계에서 갈등을 겪고 있을 수 있습니다. 가족 간 불화가 아이 마음을 온통 흔들고 있을 수도 있고요. 기질상 불안과 초조가 높은 아이들은 공부를 해도 성적이 안 나올까 봐 지레 겁먹고, 해내는 그 과정마저 힘들어하기도 합니다. 과도한 학업 스트레스를 받고 있을지도 모릅니다. 삐딱선 탄 것을 나무라기 이전에 왜 그러는지 마음을 헤아려보는 것이 먼저입니다.

집에 오자마자 핸드폰 하는 아이, 곧바로 잔소리가 발사됩니다. 그런데 이 아이 학교와 학원을 다녀와 기진맥진한 상태입니다. 쉬는 겁니다. 사전에 약속되지 않은 외식을 제안하니 아이가 짜증을 냅니다. 이미 친구들과 약속이 되어 그 약속을 깨기 힘들 수 있습니다. 가족이 싫은 게 아니란 걸 알아주세요. 윽박지르고, 때로는 무섭게 한다고 해서 아이 행동은 바뀌지 않습니다. 사춘기를 겪고 있는 아이들에게는 더 엇나가게 하는 악수가 됩니다. 마음이 먼저입니다. 잠시 마음을 가라앉히고 차분히 아이의 마음을 헤아려보세요. 나태한 행동 밑에 깔려있는 건 '해봤지만 성과가 좋지 못했기 때문에 오는 좌절감'일 수 있습니다. 갑자기 짜증이 늘어난 이유는 친구들에게 들은 험담이나 SNS에서의 비방글 때문에 속앓이하는 중일 수도 있습니다. 지쳐서 쉼이 필요한 아이가 나태함으로 보일 수도 있습니다. 노력하는 걸 알아주지 않고, 미래에 대해 불안한 마음을 봐주지 않고 그저 결과물로만 판단하는 부모가 야속해서 짜증을 낼 수밖에 없을 겁니다. 마음이 안정되어야 공부도 할 수 있습니다.

휴학해도 괜찮다는 결심

'어떤 이유에서인지 아이가 마음의 큰 상처를 입고 있다면 1년이고 2년이고 휴학을 시키자. 학교를 떠나도 괜찮다'

당장 당연한 상황이 있어서 한 결정은 아닙니다. 언젠가 내 아이에게 마음의 치유가 필요한 상황이 오면 아이를 지켜줄 수 있는 엄마가 되자는 것이 제 다짐입니다. 성인이 된 후 헤아려보면 어린 시절 1~2년은 절대 뒤처지는 것도 늦어지는 것도 아닙니다. 하지만 막상 남들과 다른 길을 가는 것에 두려움을 느낄까봐 스스로 최면을 걸어두는 겁니다. '네가 힘들면 학교를 쉬자, 또는 그만두는 것도 괜찮다'라고요. 사실 실제로는 써먹을 일이 없었으면 하는 마음이 큽니다. 묻지도 따지지도 않고 '마음만 보세요'라고 할 수 없습니다. '공부를 무시하고 오직 아이만 보세요'라고 당당히 말은 못 합니다. 제가 그렇게 하지 못할 것 같습니다. 대한민국 사회에서 학벌이 주는 후광 효과를 아는데 공부 욕심을 놓아버리는 건 어렵습니다.

하지만 마음이 안정되어야 집중해서 공부도 합니다. 그러니 순서대로 접근하자 말씀 드리는 겁니다. 어차피 늦은 거 하루 더 늦춘다고, 일주일 늦어진다고 드라마틱하게 달라지지 않습니다. 오히려 섣부른 행동으로 애써 쌓은 탑이 와르르 무너집니다. 힘드실 땐 학교 선생님이나 학원 선생님 등 주변 인물을 활용하시는 것도 좋습니다. 악역은 제 3자에게 맡기시고, 아이 마음을 잘 이해해 주는 좋은 부모님

역할을 해주세요. 불확실한 미래보다 지금 내 아이의 행복을 살펴봐 주시면 좋겠습니다. 저는 교실에서 만나는 아이들이 적어도 그 공간 안에서는 편안할 수 있게 노력하겠습니다. 각자의 자리에서 우리 아이들의 오늘의 행복을 지켜주세요.

 집공부 TIP

Q. 아이들이 자기 방에서 나오지 않는데 어떻게 하면 좋을까요?

A. 청소년 시기는 자기만의 공간과 시간이 중요한 때입니다. 부모보다는 또래 집단의 영향력이 훨씬 많은 때기도 합니다. 하지만 아이들이 거실을 거부하고 자기 방에만 있는 것이 100% 사춘기 때문이라고 보기 어렵습니다.

거실에서 아이가 뒹굴거리면 '저럴 시간에 책이라도 보지, 허송세월 보내네'라고 생각하신 적 없으신가요? 사춘기는 빠르면 초등 고학년부터 시작됩니다. 학습량이 많아지고 점차 높은 성취도를 바라는 마음이 커져 말이 곱게 나가지 못합니다. 거실에 머무는 아이를 그냥 두지 못하고 "공부 다 했니?", "숙제는 없니?", "시험 얼마나 남았어?", "책은 읽고 있니?" 등의 잔소리를 늘어놓습니다. 거실에 앉아 부모의 일방적인 잔소리 폭탄을 들을 바에 방에 들어가 문을 닫아버리는 것이 편합니다. 어쩌면 아이가 방으로 들어간 것이 아니라 부모가 거실에서 내쫓았을 수도 있습니다.

평균 올려치기가
우리 아이에게 미치는 영향

평균 올려치기를 아시나요? 현실을 볼 때 실제 평균보다 더 높은 수준으로 인식하고 받아들이는 경향을 말합니다. 예컨대 중산층의 기준을 월평균 가구 소득 500-600 이상, 수도권 자가 주택 소유로 잡는 식입니다. 쉽게 말해 눈높이가 높아지는 겁니다. 이런 경향은 SNS를 통해서 자기의 삶을 자랑하고 상품화하는 사람들을 자주 보게 되면서 갈수록 심화됩니다. 눈앞의 내 삶은 팍팍한데 스마트폰 너머 그들의 삶은 화려하고 뽀송뽀송합니다. 상대적 박탈감이 날 사로잡습니다. 또는 잘못 설정한 평균에 맞추기 위해 불쌍한 내 가랑이를 찢고 있을지도 모릅니다. 행복하지 못합니다. 교육도 평균 올려치기로 이해하려는 경향이 있습니다. 그로인해 눈높이가 자꾸 올라갑니다.

1등급, 당연한 게 아닙니다

현 고등학생 기준 내신과 수능 1등급은 전체 응시생의 상위 4%입니다. 100명 중 4명입니다. 2025년 고등학교 입학생부터는 내신 등급 기준이 완화돼서 상위 10%가 1등급을 받는 5등급제가 됩니다. 100명 중 10명만이 1등급 받을 수 있습니다. 전국 수험생 대비 인서울 할 수 있는 비중도 대략 10%입니다. 소위 말하는 스카이, 서성한, 중경외시, 건동홍숙, 국숭세단, 광명상가 (문과계열 기준이며 이과는 해당 기준과 상이합니다)…. 이 학교를 갈 수 있는 학생은 전국에 100명 중 10명 이내입니다. 이것이 팩트입니다.

1등급을 받아 인서울에 성공하는 상위 10%는 각고의 노력 끝에 얻은 성과입니다. 1등급을 받고 인서울 할 수 있는 게 당연하지 않다는 말입니다. 헌대 내신 1, 2등급을 받는 것을 마땅하게 여기고 그것을 해내지 못했다고 아이를 잡습니다. 학기말이 되면 SNS에 자녀의 상장과 잘받은 등급을 자랑하는 피드가 마구 올라옵니다. 이를 통해 남들 다 받아오는 1등급을 너는 왜 못 받아오느냐 타박합니다. 자랑할 것이 있는 사람들만 피드를 올린 것이지 그것이 평균값이 아닙니다. 잘못된 기준으로 내 자녀를 보면 뒤처진 아이로 보이게 됩니다. 아이와의 관계만 망칩니다. SNS에 휘둘리지 마세요. 그것이 자신 없으면 차라리 보지 마세요.

기본은 항상 내 아이입니다

다양한 추천도서 목록이 존재합니다. 추천이라고 하니 당연히 좋은 책일 것이고, 안 읽으면 손해가 될 거 같아서 지나칠 수 없습니다. 저도 늘 추천도서 목록을 확인합니다. 도서관에 가면 신간 코너에도 오래 머뭅니다. 인스타그램에 올라오는 또래 아이들이 많이 읽는 책 정보도 늘 수집합니다. 하지만 늘 기준은 내 아이입니다. **목록 가운데 내 자녀에게 맞는 책, 좋아할 만한 책, 관심 있는 분야의 책을 선별해서 읽어보고 아이에게도 추천합니다.** 맹목적으로 추천 도서니까, 많이 읽는다니까 내 아이도 읽어야 하는 것은 아닙니다. 남들도 읽으니까 읽어야 한다는 것은 의미가 없습니다. 내 자녀가 읽어야만 의미가 있습니다.

1등 비법이 아닌 내 아이에게 맞는 공부법 찾기

매년 수능이 끝나면 전국 1등 학생의 인터뷰가 올라옵니다. 뭔가 그만의 특별한 비법이 있을 것만 같이 놓치지 않고 챙겨보게 됩니다. 유튜브에도 최상위권의 공부 비법, SKY 공부법과 같은 그들만의 비법을 공유하는 영상이 많습니다. 물론 대부분 효과적인 공부 방법을 소개할 겁니다. 하지만 그들은 처음부터 공부를 잘하는 학생이었기 때문에 통한 방법이기도 합니다. 기본이 탄탄하고 공부 습관이 잡혀

있던 상태에서 남보다 열심히 공부한 학생들이라 좋은 성과를 보일 수 있었던 것입니다. 그것을 토대로 내 아이에게 적용해도 똑같은 효과를 얻을 수 없습니다. 내 아이를 관찰하고 부족한 부분, 힘들어하는 부분에 대한 도움을 주세요. 항상 기준은 내 자녀가 되어야 합니다.

살고 있는 지역에 알맞는 학습 전략짜기

　중등 교사라서 다양한 교과 선생님과 함께 일합니다. 그래서 궁금한 것이 있으면 조언을 구할 수 있습니다. 특히 제가 취약한 과목인 수학과 영어에 관해 질문을 많이 드립니다. 영어는 대부분 비슷한 조언인데 수학은 가치관에 따라 차이가 큽니다. 특히 선행학습에 대한 답이 천차만별입니다. 어떤 선생님은 방문수학과 같은 쉬운 수준으로 선행을 시키는 것이 좋다 하시고, 다른 선생님은 초등 4학년부터 대형 수학학원에서 심화 수준까지 선행을 시켜야 한다고 하십니다. 또 다른 선생님은 다 필요 없다, 선행 없이 현행만 잘해도 된다고도 합니다. 그래서 제가 어떤 기준도 잡지 못하고 헤맬 때 명확한 기준을 주신 답변이 있었습니다.

　"다 신경 쓰지 말고, 자기가 사는 동네 선행 속도보다 1학기 정도만 빨리하면 돼요. 대치동에서 고등학교 과정을 초등에 떼든, 중등에 떼든 그건 우리랑 상관없지. 내 아이가 갈 학교 주변의 학원 속도보다 1학기만 빠르게요. 그러면 속도에서도 뒤처지지 않고 마음도 편안할 거예요."

이기다 싶었습니다. '신행학습 없이 현행만 하면서 가도 되는 건가' 하는 불안감이 있었는데 명쾌한 답을 듣게 되어 한결 마음이 놓였습니다. 여러분도 학군지에서 몇 바퀴를 돌리든, 훑어보든 신경 쓰지 마시고 현재 살고 계시는 지역을 기준으로 생각하시면 마음의 조급함이 한결 편해지실 겁니다.

아이와 나를 분리하세요

SNS를 보면서 나보다 잘 사는 사람들을 동경하고, 한편 시기합니다. 나는 못하는 걸 이루고, 누리고 사는 사람들을 매일 보고 있자니 불편할 때도 있습니다. 남의 집 아이가 받아온 1등급 성적표, 표창장, 고액의 캠프, 앞서가는 커리큘럼이 보입니다. 이미 지난 나의 커리어와 현재의 경제적 상황은 바꾸기 어렵지만 자녀의 성적은 지금부터 노력하면 바꿀 수 있을 것 같습니다. 내 욕망이 순식간에 자녀에게 옮겨붙습니다.

엄연히 아이의 삶입니다. 명확하게 선을 그어야 합니다. 성장에 대한 욕구가 있다면 아이에게 쏟는 정성을 본인에게 투자해 보세요. 저도 저를 키우고 있습니다. 블로그에 글을 쓰고, 책도 열심히 읽습니다. 50~60대가 되어서도 꾸준히 성장하는 사람이 되고 싶은 목표 아래 매일 열심히 실천하고 있습니다. 이렇게 제게 공을 들이다 보니 의

도치 않은 좋은 결과가 있었으니 아이들을 향한 잔소리가 많이 줄었다는 점입니다. 제 할 일이 바쁘니 아이들 하는 일을 일일이 간섭할 시간이 없네요. 좋은 영향력도 미치고 있습니다. 엄마가 책을 읽으면 뭘 읽나 관심을 갖고 때때로 같이 읽습니다. 엄마가 독서 모임 하면 곁을 맴돌면서 어떤 이야기를 하나 귀 기울입니다. 엄마가 글 쓰는 동안 아이들은 자기 공부를 하며 각자의 역할에 충실합니다.

아이와 나를 분리하고, 나를 키워보세요. 그것을 기록하세요. (저는 블로그에 기록을 남깁니다) 매일의 다이어트 식단 기록이 점차 다양한 다이어트 식단 레시피가 가득한 공간이 될 수 있습니다. 간단한 집안 일을 기록한 것이 나만의 정리 노하우로 발전할 수 있습니다. 나를 키우는데 에너지를 사용하다 보면 점차 아이와 나의 동일시가 흐릿해짐을 느끼실 겁니다.

좌절을 딛고 일어서는
아이들의 비밀

고등학교 입학해서 첫 시험을 보고 나면 많은 아이들이 큰 좌절을 겪습니다. 처음 경험해 본 시험 난이도, 방대한 학습량, 그리고 실망스러운 결과까지, 멘탈이 무너집니다. 이 중 일부는 일찌감치 포기하고 공부를 놓아버립니다. 하지만 소수의 아이들은 좌절에 매몰되지 않고 나아갑니다. 이들에게는 어떤 비밀이 있을까요?

◆ 실패가 아니라 경험이라고 생각하는 아이들

첫 시험에서 쓰디쓴 결과에 놀라서 '이생망(이번 생은 망했어의 줄임말)'을 외치는 아이들이 있습니다. 다시 도전해보지 않고, 더 큰 노력을 기울이기를 포기하고 손쉽게 놓아버리는 것을 택합니다. 반면 소수의 아이들은 실수를 경험으로 생각합니다. 되돌아보고 고칠 점을 찾아내려 노력합니다. 결과에 실망하기보다 더 노력해야겠다고 다짐합니다. 이들의 태도 차이는 무엇에서 기인하는 것일까요? 실수를 딛고, 다시 시도하는 아이 실패가 아니라 경험이라고 생각하는 아이가 되려면 어떻게 해야 할까요?

생각도 습관입니다. 어려서부터 부모님께서 점수만, 결과만 보시면 아이도 점수와 결과밖에 볼 줄 모르는 사람이 됩니다. 공부했는데 점수가 나쁘다면 '했는데'를 점검해야 맞습니다. 공부 방법이 잘못된 점은 없었는지, 노력이 부족했는지, 개선해야 할 지점이 무엇인지 확인하는 게 맞습니다. 그리고 다음을 기약하면 됩니다.

점수에 매몰된 아이들은 성장이 어렵습니다. 점수만 보고 있으면 그 뒤에 성장을 보지 못하고 현재 수준에 좌절해 버립니다. 공부했는데도 성적이 안 나오면 내가 문제인가 생각하고 자존감이 무너집니다. 혹시 시험을 보고 아이가 점수에 낙담한다면 그간 노력했다는 점을 높이 평가해 주세요. 방법이 잘못된 부분, 개선해야 할 부분을 함께 점검해 주세요. 부모님이 아이의 노력을 인정해 주시면 다시 해볼 수 있는 에너지를 얻게 됩니다.

✦ 메타인지가 높다

메타인지는 상위인지라고도 합니다. 한 차원 높은 시각으로 자신을 평가하는 능력입니다. 공부한 것에서 아는 것과 모르는 것을 구별

할 수 있는 능력도 메타인지입니다. 더불어 나 자신을 관찰해서 문제점을 파악하고 이를 통해 내 행동을 통제하는 것도 메타인지에 기인합니다. 혹시 아이가 뭐든지 어른들의 지시에 의해 행동하고 있지 않은가요. 학교와 학원이라는 쳇바퀴 안에서 생활하느라 스스로 삶을 설계하거나 운영해 본 경험이 부족하지 않을까요? 공부할 때 수업 듣고 문제집 채점하는 수동적인 학습만 해온 건 아닐까요?

메타인지를 높이기 위해 평소 다음과 같은 바꿔 말해보세요.

평소하는 말

"공부 다 했어?"

공부하는 '행동'만 확인하는 멘트입니다.
스스로를 점검할 수 있는 질문으로 바꿔보세요.

이렇게 바꿔보세요

"오늘 과학 공부 중 모르는 단어 확인해 봤니? 이 단어 뜻을 다시 설명해 줄래?"

"오늘 수학 문제 중 가장 어려웠던 문제 하나만 엄마에게 설명해 줘. 여기서 가장 중요한 열쇠가 되는 개념은 어떤 거였어?"

평소하는 말

"7시야. 수학 문제집 풀어" •┄┄┄┄┄┄┄┄┄┄┄┐

> 아이 스스로 하루를 계획, 실천, 평가, 수정하는 기회를 많이 주셔야 합니다.
> 또한 스스로 주도권을 쥐고 있어야 공부에서 소소한 재미를 느낄 수 있습니다.

이렇게 바꿔보세요

"오늘 공부 계획은 어떤 거야? 어떤 것부터 할 거야?"

"방학이니까 공부 계획을 조정해 보자. 네 의견은 어때?"

평소하는 말

"점수가 이게 뭐냐" •┄┄┄┄┄┄┄┄┄┄┄┐

> 이미 결과가 나왔습니다. 이제 와서 질타해도 점수가 바뀌지 않습니다.
> 문제점을 파악해서 보완하는 것이 필요한 순간입니다.
> 아이 스스로 어떤 점이 부족했는지, 고치면 좋을지 생각해 보도록 유도해 주세요.

이렇게 바꿔보세요

"시험 결과를 보니 어떤 생각이 들어? 마음이 어떤지 들려줄 수 있을까?"

"어떤 부분이 어려웠을까? 다음에는 어떻게 하면 더 잘 볼 수 있을 거 같아?"

◆ 도전감이 있는 학습 내용을 공부하게 합니다

유아 시기 그림책을 읽던 아이에게 학령기를 선후해서 서서히 글밥책으로 이동시킵니다. 처음에는 거부감이 있습니다. 보던 그림책만 보려 하고 글밥 많은 책은 밀어냅니다. 하지만 끈기 갖고 시도해야 합니다. 읽어주기도 하고, 같이 읽기도 하고, 때로는 보상을 통해 현재 수준을 넘어서는 경험을 하도록 도와야 합니다.

학습도 마찬가지입니다. 현 수준보다 조금 더 어려운 과제를 아이들에게 주세요. 쉽고 편한 공부만 하던 아이들은 어려운 문제 앞에 쉽게 좌절합니다. 머리를 쓰고 끈기 있게 매달려서 탐구하는 공부를 할 수 있는 기회를 제공해야 합니다. 초등 1, 2학년은 교과서 자체가 재미있습니다. 현 초등학교 1, 2학년은 학교, 사람들, 우리나라, 탐험 (기존 봄, 여름, 가을, 겨울) 등의 통합교과를 배웁니다. 그러다가 3학년이 되면 지금껏 없었던 영어, 사회, 과학 등의 교과가 생겨나고 배우는 내용도 어려워집니다. 그리고, 만들고, 체험하며 활동적으로 공부하던 학습이 추상적인 용어와 고차원적인 사고력을 요구하는 학습으로 바뀝니다. 쉽게 말해 머리를 굴려야 하는 공부를 하게 되는 겁니다. 이때가 공부하기 싫다는 떼가 늘어나는 시기입니다. 학습 난이도가 높아지면서 생각하기 싫고, 어려워서 싫다는 이유로 거부감을 나타내는 겁니다. 운동할 때 늘 비슷한 수준을 반복하면 근육이 늘지 않는다고 합니다. 운동 강도를 조금씩 늘려 스트레스를 높여야 근육이 성장하기 때문입니다. 학습에서도 점진적 과부하가 필요합니다. 그래야 생각 주머니가 자라고, 실패를 경험했을 때 새로운 도전으로 여기고 다시 시도하는 근성을 기르게 됩니다. 학습 부하를 늘리라는 것이 선행학습을 의미하는 것이 아닙니다. 현행 학습에서 아이가 지닌 역량보다 한 단계 깊은 도전 과제를 공부해야 한다는 뜻입니다.

도전을 두려워하지 않는 태도는 학습에만 국한되는 것이 아닙니다. 삶은 무수한 실패의 연속입니다. 실패 앞에 누군가는 좌절하고, 누군가는 그것을 발판 삼아 딛고 나아갑니다. 태도의 문제입니다. 자녀가 건강한 삶의 태도를 지닐 수 있도록 도와주세요.

공부 정서가 긍정적인 아이들은 어떤 특징이 있을까?

인문계 고등학교를 선택한 아이들은 저마다 대학을 꿈꾸며 입학합니다. 진로는 막연할 수 있지만 저마다 마음에 진학하고 싶은 대학 하나씩을 품고 3년간 노력합니다. 하지만 시간이 흘러 받아든 결과는 제각각입니다. 누군가는 원하던 것을 얻고 기뻐하지만 한편에서는 이루지 못해 크게 좌절합니다. 높은 성취를 얻는 아이와 그렇지 못한 아이의 차이는 무엇일까요? 타고난 머리 탓일까요? 학원이 달라서일까요? 부모의 조력 차이일까요? 중학교까지의 공부량 차이를 극복하지 못했을까요? 물론 모두 영향이 있습니다. 하지만 저는 아이들의 공부 정서에 주목합니다.

학습에 대한 긍정적인 생각을 지닌 아이와 부정적인 생각을 똘똘

뭉친 아이는 교실에서 확연히 다른 모습을 보입니다. 공부 정서가 긍정적이어야 한다고 합니다. 그럼 실제로 공부 정서가 긍정적인 아이가 공부하는 과정은 무엇이 다를까요?

> **공부 정서란?**
> 공부는 마음이 합니다. 하기 싫고, 재미없고, 어려운 것이 공부입니다. 그것을 해내는 것은 결국 마음입니다. 공부 정서는 공부를 해내는 과정과 배움에 대한 주관적인 감정 상태를 말합니다. 공부를 즐겁게 받아들일 수는 없지만 '해볼만하다', '난 할 수 있다', '배우면 성장한다'라는 긍정적인 자세와 감정을 지닌 아이들은 그 과정을 기꺼이 해냅니다.

◆ 부모님과의 관계가 돈독합니다

공부는 마음이 합니다. 때문에 마음이 안정적인 상태를 갖고 있어야 공부할 마음, 집중할 수 있는 상태, 성취를 위해 기꺼이 노력하는 행동이 가능해집니다. 부모와 갈등을 겪는 상황에서 마음 편히 공부할 수 없습니다. 아이와 돈독한 관계를 위해서 대화에 신경 쓰셔야 합니다. 특히 사춘기 아이와의 끈을 놓지 않기 위해 대화에 스킬이 필요합니다. 아래에 제시된 조건들을 살펴보시고 현재 우리집 대화를 점검해 보시길 바랍니다.

- 당위성을 내세우는 대화는 피하세요
- 어떤 대답을 해도 부모가 경청할 거라는 믿음이 있어야 이야기를 합니다
- 부모 뜻대로 대화를 이끌어가려고 하는 마음을 버리세요

◆ 호기심이 살아 있습니다

　호기심이 살아있다는 건 모든 학습에서 추진력을 갖추고 있는 것과 같습니다. 새로운 학습에 관심을 갖고 적극적인 태도를 보입니다. 공부가 재미있을 수는 없지만 호기심 덕분에 흥미를 갖고 탐구할 수 있게 됩니다. 호기심은 수업 시간에만 드러나는 게 아닙니다. 학교는 수업과 창체활동으로 이뤄집니다. 창체활동 시간에 다문화교육, 세계시민교육, 안전교육, 성교육, 자치활동 등 다양한 활동을 하게 됩니다. 이 시간이 성적으로 이어지지 않는다는 이유로 일부 학생들은 노는 시간, 자는 시간으로 인식합니다. 알맹이(성적)만 챙기고 나머지 활동은 소홀히 하는 태도가 눈에 빤히 보입니다. 반면 공부 정서가 긍정적이고, 호기심이 많은 아이들은 다양한 분야에 관심을 갖고 적극적으로 참여합니다. 학교에서의 모든 시간은 기록되며, 교사에 의해 평가될 수밖에 없습니다. 가리지 않고 열심히 하는 아이들의 성실한 태도는 생활기록부에 기록되게 됩니다.

축구부 성준이와 일반 학생 민서 이야기

행복에 대한 에세이를 쓰는 시간이었습니다. 행복에 대한 철학자들 명언, 행복에 대한 조건, 행복을 위한 노력에 대한 토론 수업 이후에 이뤄지는 수행평가였습니다. 민서는 토론 수업부터 시큰둥하며 참여하지 않더니 에세이 종이를 받자마자 이름만 쓰고 엎드려버리더군요. 너의 생각을 쓰기만 하면 된다며 달래서 겨우 몇 줄을 더 받아냈습니다.

반면 성준이는 축구부 활동 때문에 수업 결손이 많습니다. 학기 초에는 전지훈련 때문에 토론 수업에 참여하지 못하고 곧바로 에세이 쓰기 시간이 되었습니다. 간단히 설명을 하고 쓸 수 있겠냐고 물었더니 재미있겠다며 부담없이 써 내려가더군요. 나중에 보니 성준이는 학습지 앞뒤를 모두 채워가며 자신의 이야기를 써냈습니다.

민서는 공부 정서가 망가진 아이입니다. 아무리 쉽고, 어렵지 않은 내용도 들여다보려 하지 않습니다. 배경지식 없이도 생각을 나누며 참여할 수 있는 '행복'에 대한 토론마저 관심을 보이지 않습니다. 반면 성준이는 학교 수업에 자주 빠지면서 학습결손이 많지만 공부 정서가 건강합니다. 어떤 수업이든 궁금하다며 귀를 쫑긋하는 모습이 기특합니다. 본인은 공부를 안 한 거지 못한 것이 아니라며 운동 아닌 새로운 것에 호기심을 드러냅니다. 성준이의 공부 정서는 건강한 상태입니다.

◆ 실패했을 때 좌절이 아닌 성찰을 합니다

시험을 잘 볼 수도 있고, 때로는 공부를 했지만 좋지 못한 성적을 얻기도 합니다. 공부 정서가 불안정한 아이는 한 번 실수에도 '나는 안되는 사람인가 봐'라고 좌절해 버립니다. 반대로 건강한 공부 정서를 가진 아이들은 다릅니다. 자신의 탓을 하지 않습니다. 노력했음에도 실패했다면 과정에서 원인을 찾습니다. 무엇이 잘못된 것인지 알아내기 위해 도움을 요청합니다. 개선하고 다시 시도해서 앞으로 나아갑니다. 공부 정서가 건강한 아이들은 실패에 머물지 않습니다.

✦ 인정받기 위해 연연하지 않습니다

공부 정서가 튼튼한 아이들은 외부 평가에 덜 예민합니다. 결과 어찌되었건, 누군가의 칭찬이 없더라도 자기 스스로 만족하면 충분합니다. 물론 칭찬을 받아서 기분 나쁜 아이는 없죠. 남이 알아준다면 기분이 좋습니다. 그러나 공부 정서가 단단한 아이들은 칭찬이 없어도 충분히 자기 자신을 다독이고 격려할 줄 압니다. 칭찬을 갈구하지 않습니다.

반면 공부 정서가 건강하지 않은 아이들은 칭찬에 목말라하고, 인정받기 위해 에너지를 많이 씁니다. 결과가 충분함에도 칭찬을 받지 않으면 부족하다고 느끼고, 외부에서 나를 인정해 주기를 바랍니다. 변변한 성취를 이뤘음에도 칭찬과 외부 인정이 없으면 좌절합니다.

✦ 성장 마인드셋을 지녔습니다

캐럴 드웩의 《마인드셋》에는 사람을 두 분류로 나눕니다. 아무리 노력해도 어차피 안 된다고 생각하는 '고정 마인드셋'을 지닌 사람,

노력하면 얼마든지 발전하고 성공할 수 있다고 생각하고 행동하는 '성장 마인드셋'을 지닌 사람이 그것입니다. 저자는 어떤 마인드셋을 지니고 행동하느냐에 따라 결괏값을 결정한다고 말합니다. 마음가짐에 달렸다는 뜻입니다.

공부 정서가 건강한 아이들은 노력하면 더 성장할 거라는 믿음이 있습니다. 하면 된다고 믿기 때문에 노력합니다. 지금보다 나아질 거라는 확신 때문에 힘들어도 견디고 해낼 수 있습니다. 이들은 성장 마인드셋을 지닌 것입니다. 아무리 어려운 상황에서도 '노력하면 되겠죠', '한 번 더 해볼게요', '이번 과정을 통해서 이런저런 걸 배웠어요'라고 합니다. 반면 공부 정서가 불안정한 아이들은 '해 봤자 안 되잖아요'라고 말하고 시도하지 않습니다.

아이들의 공부 정서가 긍정적으로 만드는 것은 당장의 단원평가 점수보다, 영어 단어를 몇 개 더 외우지 못하는 것보다 훨씬 소중한 일입니다. 점수 말고 아이의 공부 정서를 한번 살펴봐야하는 이유입니다.

독이 되는 응원의 말,
마음을 움직이는 희망의 말

노력하는 만큼 얻게 될 거야

노력하는 만큼 얻게 된다는 말은, 노력하면 못 얻을 것이 없으니 얻지 못한 건 '네 탓이야'가 됩니다. 성적에 대한 책임이 오롯이 자녀에게 전가됩니다. 앞서 말씀드린 것처럼 공부를 '잘'해야 한다는 생각을 버리고 아이의 과정에 집중해 주세요. 노력, 그 자체를 응원해 주세요.

> **독이 될 수 있는 말**
> "노력하는 만큼 얻게 될 거야."
>
>

공부 못하면 어때, 괜찮아

부담을 줄여주기 위해 맘 편히 가지라고 해주시는 말입니다. 그런데 사람에 따라서는 이 이야기를 속상해하기도 합니다. 본인은 잠을 줄여가며 힘겹게 공부하고 있는데 '공부 못하면 어때'라고 말하면 맥이 빠진다고 합니다. '날 포기했나?', '내가 못 한다고 여기는 건가'라고 생각이 들어서 부모님의 뜻과는 다르게 힘들어하는 아이들도 있습니다. 그만큼 힘들게 공부하기 때문에 예민할 수도 있다 생각하고 너그러이 참아주세요.

독이 될 수 있는 말
"공부 못하면 어때, 괜찮아."

용기가 되는 말
"열심히 하는데 안 되는 부분이 있어서 속상하지.
차곡차곡 네 안에 쌓여있어, 걱정마."

조금만 더 참으면 돼, 수능 끝나면 뭐든 할 수 있어

수능 끝나고 대학가도 경쟁은 끝이 없답니다. 사탕발림 같은 말로 지금의 고통을 그저 참으라고만 하면 쌓여가는 스트레스를 풀 길이 없습니다. 직장인은 출근해서 종일 일하고 퇴근해서 집에 도착하면 편안한 소파에서 잠시 숨을 고릅니다. 그런데 아이들의 일상은 학교와 학원, 다시 학원을 갔다가 숙제로 이어지다 보면 제대로 된 쉼이 없습니다. 수험생은 더합니다. 이런 아이들에게 그저 지금은 참아보라고 하는 건 잔인한 측면도 있습니다.

독이 될 수 있는 말
"조금만 더 참으면 돼, 수능 끝나면 뭐든 할 수 있어."

용기가 되는 말
"오늘은 쉬고 산책할까? 영화 볼래?"

넌 할 수 있어, 엄마는 믿어

엄마는 할 수 있다고 말해주는데, 성과를 보여주지 못할 때 아이는 좌절합니다. '할 수 있다'는 '높은 성과를 낼 수 있다'는 의미입니다. 부담은 가중되고 아이는 초조합니다. 자녀가 아주 어릴 때는 충분히 유의미한 말일 수 있습니다. 하지만 자라면서 공부에 대해 '넌 할 수 있다, 믿는다'라고 하시면 '성과를 보여줄 것이라고 믿는다'로 해석될 수 있습니다.

> **독이 될 수 있는 말**
> "넌 할 수 있어, 엄마는 믿어."
>
>
>
> **용기가 되는 말**
> "엄마는 네가 공부를 잘하든 못하든 무조건 사랑해.
> 도움이 필요할 때 언제든 네 곁에 있어줄게."

때로는 묵언이 답입니다

말을 해서 잃기보다 하지 않아서 얻을 수 있습니다. 섣부른 응원보다 지지의 눈빛, 사랑의 토닥임, 영양가 많은 든든한 밥상이 더 큰 힘이 됩니다. 그렇다고 너무 끈적이게 바라보시면 부담됩니다. 속으로는 어떤 생각을 하시든, 자녀를 쿨하게 대해주세요. 부담을 주지 않으려고 노력하시면 좋겠습니다.

독이 될 수 있는 말
보다는

용기가 되는 말
지지의 눈빛, 사랑의 토닥임,
영양가 많은 든든한 밥상이 더 큰 힘이 됩니다

응원하는 멘트 뒤에는 성과를 바라는 마음이 내포하고 있었던 건 아닌지 돌아봤으면 합니다. 아이들은 그걸 고스란히 느낍니다. 순수하게 아이들을 지지해 주세요. 결과 말고 해내는 과정에 집중해 주세요. 참고 해내는 아이들을 기특하게 여겨주세요. 1등이 아니어도, 대학이 아니어도 지금의 노력은 분명 아이 안에 켜켜이 쌓여 빛을 내는 날이 옵니다.

밀키트로 음식을 만드는 과정은 요리라기보다 조리에 가깝습니다. 필요한 재료가 손질되어 있으니 그대로 씻기만 해도 준비 끝. 굳이 음식이 만들어지는 과정에 대해 고민할 필요도 없이 레시피에 적힌 순서대로 볶고 찌면 뚝딱 한 접시 음식이 됩니다. 시간도 절약되고 그럭저럭 평타 수준의 맛을 보장받을 수 있으니 자주 이용하게 됩니다. 대신 이렇게 길들여지면 제 요리 실력을 영영 늘지 않을 듯 합니다. 게다가 음식 맛도 보통 수준을 벗어나지 못할 겁니다.

공부도 이와 같습니다. 성적을 빨리 올리고 싶은 마음에 학습의 기본을 무시하고 밀키트 식으로 접근하면 점차 공부 근육을 상실하게 됩니다. 쉽게 떠먹여주는 강의만 듣고, 머리에 쥐 나도록 출력하는 공부를 등한시하면 공부를 했음에도 결국 실력이 쌓이지 않습니다. 요리는 재료 손질, 육수 내기, 양념장 만들기처럼 귀찮지만 기본이 되는 과정을 직접 해내야 실력이 늘어납니다. 공부도 엉덩이 붙이고 교과서를 읽어내고 모르는 것을 찾아가며 꼼꼼하게 학습해야 결국 공부한 것이 내 것이 되고 실력이 쌓입니다.

아이들이 학교에서 힘들 때 늘 하는 말이 있습니다.
'집 가고 싶다'

힘들 때 집을 떠올리는 것은 공간이 주는 안정감 때문일 겁니다. 집에는 항상 나를 반겨주고, 언제나 응원해 주고, 늘 믿어주는 부모가 있습니다. 그 안정감에 기대어 집에서 충분한 격려를 받으며 매일 재료 손질부터 하나하나 천천히, 육수 내기부터 제대로, 양념장을 만들어 숙성시키기까지 차근차근 직접 해내며 공부한 것이 내 것이 될 때까지 익혀야 합니다. 그래야 탄탄한 공부 근육이 생깁니다. 그것이 집 공부입니다.

집에서 충분히, 제대로 공부하며 공부 근육을 쌓아가는 집공부가 여러분에 가정에도 자리 잡길 희망해봅니다.

1등급
집공부
학습법

초판 1쇄 발행 2024년 12월 20일
초판 2쇄 발행 2025년 1월 24일

지은이 유선화

펴낸이 김재원, 이준형
디자인 김지혜

펴낸곳 비욘드날리지 주식회사
출판등록 제2023-0001117호
E-Mail admin@tappik.co.kr

ⓒ 유선화
ISBN 979-11-988964-6-9 (13590)